U0926223

奋斗吧，不要给青春留遗憾

焦庆锋　主编

吉林文史出版社
JILINWENSHICHUBANSHE

图书在版编目（CIP）数据

奋斗吧，不要给青春留遗憾 / 焦庆锋主编 . -- 长春 : 吉林文史出版社 , 2019.7

ISBN 978-7-5472-6342-6

Ⅰ . ①奋… Ⅱ . ①焦… Ⅲ . ①成功心理—青年读物 Ⅳ . ① B848.4-49

中国版本图书馆 CIP 数据核字 (2019) 第 135618 号

奋斗吧，不要给青春留遗憾

FENDOUBA，BUYAOGEI QINGCHUN LIU YIHAN

主　　编 / 焦庆锋
责任编辑 / 孙建军　董　芳
出版发行 / 吉林文史出版社有限责任公司（长春市人民大街 4646 号）
网　　址 / www.jlws.com.cn
版式设计 / 晴晨时代
印　　刷 / 北京欣睿虹彩印刷有限公司
版　　次 / 2019 年 11 月第 1 版　　2019 年 11 月第 1 次印刷
开　　本 / 880mm × 1230mm　1/32
字　　数 / 113 千字
印　　张 / 8
书　　号 / ISBN 978-7-5472-6342-6
定　　价 / 42.80 元

前言

FOREWORD

青春是一幅优美的画卷，里面镌刻着一生中最美好的记忆。花儿一样的年龄，花儿一样的岁月。“年轻真好”，常听一些老年人或是中年人这样慨叹。他们是否有所触动，感到时光易逝，年轻不再？回首时是否有些悲凉？是的，对他们而言，一生中最美好的年轻岁月已然飘走。

好花不常开，年轻不常在。美好的回忆通常都是最短暂的。短暂得令人心痛，令人神伤。怎样才能让年轻不留下遗憾？年轻人，是祖国未来的希望，肩负着国家和社会的责任，应学会用肩膀为社会、为家人、为自己撑出一片天空，努力为未来铺出一条大道来。如果总是陷入一种浑浑噩噩的状态，不思进取，这不能不说是年轻的悲哀。我们年轻时，就应当好好把握这短暂的年轻岁月，勇敢地拼搏，奋力地去追寻自己的梦想。梦想不是海市蜃楼，不是遥不可及的去处。它就位于我们奋斗道路的另一端。是的，年轻人应该懂得用奋斗来装点自己的人生。

很多人往往在青春谢幕时才发现挥霍了光阴，虚度了青春美好时光，但已经悔之晚矣。那么在剩下的余生中就要好好努力，不要浪费自己宝贵的时间。一分耕耘，一分收获，没有耕耘哪有收获。不要让青春留下遗憾，在好好奋斗的年纪就该努力追梦，只有尝遍人生百味，才能有所收获。也不枉青春一场，等回首时还是那个和青春说再见的少年，谢谢你没有在青春里留下遗憾！

为了让更多的年轻人学会努力，避免因思想涣散和行为懒惰而导致的失败，让更多的人获得成功，我们编撰了这本《奋斗吧，不要给青春留遗憾》。本书富含哲理，通过大量的真实案例让读者朋友明白努力进取的重要性。让大家从容漫步人生，品味人生精彩！

由于编纂时间仓促，加之水平有限，编写过程中难免发生纰漏，还望广大读者批评指正。

目录 | content

目
录
content

第一章

付出一切去做

如果你问身边的人“幸福是什么？”我相信你会得到五花八门的答案。世界上没有绝对的幸福，它取决于个人的人生观和价值观。没有一个人一生没有坎坷，幸福一生；也没有一个人注定和幸福绝缘。只是看你能不能发现它，能不能及时地把它握在手中。幸福无处不在，有些人之所以感觉不到，是因为忽视了它的存在，也就是我们常说的“身在福中不知福”罢了。只是静坐等待是等不来幸福眷顾的。

他人不能左右你的命运

有些人总爱抱怨，他们有一个共性，总觉得自己很无辜，是一个受害者，是别人的问题。他们怎么也想不到，问题的制造者恰恰是他们自己。他们总是自怨自艾，老是一副怨天尤人的面孔，因此在幸福来到身边时，他们往往不能及时把握。

一个面色憔悴的妇人来到寺庙里，见到了寺内的一位高僧，这位妇人一开口就向僧人诉起苦来。她抱怨生活对她的不公平，僧人听着她哀怨的故事，开始时有点不以为然。但不幸的是，这位妇人的哀伤很快便感染了僧人，僧人也沉入到她哀怨的故事里了。

“在我很小的时候，我就知道了我这一辈子都不会遇到好运。”她说。

“这话从何说起？”僧人好奇地问。

“在我小时候，遇到了一位算命的老先生，他看了我的面相后说：‘这个小姑娘相貌不好，这辈子不会有好运的。’这句话深深地印在了我的心里。当我到了谈婚论嫁的年龄，遇到了一个很优秀的小伙子，他爱上了我。但是，我不相信我会有那么好的运气，所以我拒绝了他，而嫁给了一个长得很丑的酒鬼。我以为这个长相丑陋的人会对我更好，我会得

到他更多的爱。但这却是倒霉的开始。”

僧人问她：“你为什么认为自己不会有好运气呢？”

这位妇人很执着地说：“那位算命的老先生不是说过……”

僧人说：“也许不是你没有好运，而是你自己在制造厄运。幸福曾经向你伸出了橄榄枝，你却把自己的双手藏了起来，你不敢接受。但你一看到厄运的身影，就急不可待地去迎接了。所以说，不是算命先生的预言准确，而是你自己因为不自信招来了霉运。”

妇人瞅瞅自己的双手，犹豫地说：“幸福曾来过我身边吗？”僧人无话可说了。

生活就是这样，有的人自己拒绝了幸福的牵手，却还抱怨幸运之神不曾降临到他的身边。很多时候，自己的幸与不幸是自己一手造成的，别人根本决定不了你的命运。

生活就像一杯白水，如果你想让它甜一点儿，就放一点儿糖；如果想让它咸一点儿，你可以放一点儿盐。生活味道的咸淡调制取决于自己的心境。

有一位女士因为白天不思茶饭，晚上睡不好觉，身体日渐消瘦，去医院检查，身体各项指标正常。她去看心理医生，医生见她情绪低迷，问：“你的心里很苦吧？”一句话问到了她的痛处，她觉得遇到了知心人，开始把积压在心中的对生活的不满和烦恼像竹筒倒豆子似的倒了出来。她所抱怨的要么是对门的邻居没有热情地和她打招呼，要么就是一个认为是好朋友的人背地里议论自己的不是，又或者是老板的承诺不兑现等不值一提的琐碎事情，这些鸡毛蒜皮的事情让她心烦，她感觉不到生活的意义。

心理医生一边听她诉说，一边做着记录。在她说完后，医生就问她："能告诉我你丈夫对你怎么样吗？"

女士脸上漾起了笑意，说道："他很爱我，我们结婚有10年了，几乎没吵过架。"

医生笑着问："你们有孩子吗？"

一提到孩子，女士立刻神采飞扬地说道："我们有一个5岁的儿子，他聪明、活泼，可爱极了。"

心理医生又问了很多的问题，最后，医生递给女士两张写满字的纸。一张记录着她的苦恼，另一张记录着她的快乐。医生告诉她，治病的药方就在这两张纸上，病因就是女士太在意使自己苦恼的琐事，而忽略使自己高兴的事情。

有句名言说："生活中从来不缺少美，而是缺少发现美的眼睛。"把句中的"美"换成"快乐"同样适用："生活中也并不是缺少快乐，只是有的人太注重痛苦，而忽视了快乐。"

一个人的幸福、快乐或成功，有相当一部分原因取决于自己的内心，你的内心决定了你的成败。只有修炼一个好心态，成功与快乐才会登门。

我们生活在一个让人赏心悦目的世界，但就像泰戈尔所说

的“我们错看了世界，却反过来说世界欺骗了我们。”

生活中处处有美的存在：既有温柔的美、和谐的美、苍凉的美、悲壮的美；也有山清水秀、天高云淡、绿树红花等景色的美；还有枯藤老树昏鸦，霜叶红于二月花等等意境之美。

静下心来，仔细琢磨，生活不就是一本书，一幅画吗？一天天充实书的内容，一步步给生活的画面涂上绚丽的色彩。不过我们常常忘记了去驻足品读和欣赏，在我们不经意的走马观花之后，只说生活不过是一日复一日，年复一年地简单重复，有几个人懂得我们要读出生活的内涵，要品味出画中的意境？

有古诗云：“青山几度变黄山，世事纷飞总不干。眼内有尘三界窄，心头无事一床宽。”我们为什么不让快乐永驻心间呢？

正确认识付出和收获的关系

现实生活中可不是一滴汗水一分收获，付出了有时也不一定会有收获,但不付出一定不会有收获,这也算是一个真理吧!

张志是一个帅气的男孩，大大的眼睛，浓浓的眉毛；他还是一个成绩优秀的孩子，高考时，他以优异的成绩考入了一所大城市的高校。在人们眼中他是一个幸运儿，可他也是不幸的人,他有一个残疾的母亲,贫寒的家境供不起他上大学。在人生的十字路口，他没有因为不幸而沉沦，父母却因为没能力让孩子进入大学而感到愧疚，他笑着对父母说，只要肯努力，上不上大学也没关系。为了能照顾家里，他上了一所职业学校，学校难得有成绩这样优秀的学生，考虑到他的家庭状况，便免了他的学费。就读期间，他还在外面做了兼职，挣回了自己的生活费。

职业学校的学习很快就结束了，张志成功应聘到一家广告公司。虽然公司有设计、喷绘、业务等工作，而他得到的是一份几乎和学徒工差不多的工作。这时，和张志同龄的上过大学的同学都得到了一份好工作，有的到了政府机关，有的和大公司签约，就连上学时成绩不如他的同学也找到了不错的工作。再看自己的工作无法和他们相比，这时，他暗暗

地鼓励自己："加油！有付出就会有回报。总有一天，我会让你们另眼相看……"

一天，公司新招聘来了一名大学本科毕业的设计师。这个新设计师对未来充满向往，他信誓旦旦地说自己不久就会拥有属于自己的设计公司。新设计师的雄心壮志让张志很是佩服。

不过，时间一长，这位设计师的惰性就慢慢地显露出来，他为了偷闲，常常把应该他做的工作分派给张志，即使是自己不得不做的时候，也总会投机取巧。由于他对工作的不用心，在一次工作中，他弄错了客户的广告牌的尺寸，给公司带来了巨大的损失。

这件事使张志感触很深，他发誓：这样的事情一定不能发生在自己身上。那位设计师也许是心虚，他认为张志会在背后看他的笑话，所以在张志招待客户的时候，设计师用一种嘲讽的语气指着张志向客户介绍："这位曾经可是一位才子，当年……" 客户当然领悟了他的语意。张志勉强装出笑脸算作回应，然后离开了。虽然那讽刺的话语深深地刺痛了他，但是在他内心里并没有因为自己是个勤杂工而觉得低人一等，而且他还把同事们对他的白眼看做是一种鞭策。他对自己说："没关系，今天我的付出也是有价值的，我在这里是为了储存能量，积蓄力量。"之后的日子，他依旧任劳任怨地工作着。

两年以后，那位设计师辞职了，他自己开了一家广告公司。

不过，不到半年的工夫，公司就无法继续运营倒闭了。

公司里，一名名大学生陆陆续续地应聘上岗，上岗的时候一个个都是雄心勃勃，然后一个个又都是怀着宏图大志地离去。张志看在眼里，在为这些大学生慨叹之余，仍然一如既往地专心自己的本职工作，工作中不断地学到了新的知识和技能，渐渐地，他成了一位经验丰富的技术人员。这时的他没有选择离开，他开始钻研如何洽谈业务，不断地学习、实践，不断地掌握新的技能。在公司里，张志的工作涉猎到很多的部门，丰富的工作经验为他自己创业奠定了坚实的基础。5 年过去了，此时的张志可谓是羽丰翼满，他决定独自创业，但他念念不忘公司的培养，于是他临走时留下话，只要公司有需要，他会义无反顾地为公司出力。

万事开头难，自主创业都会困难重重。这些对于张志来说都成了轻而易举的小事情，多年积累的经验使他在商场上很快就立足了。首先他不缺客户，客户信任他，他知道客户需要什么；他曾是多年的员工，更明白员工的心理，他关注着每一位员工的喜怒哀乐，每当员工遇到困难，他会伸出援助之手。因此，在很多年后，他的员工没有一位离开他，他的公司越办越大，公司业务很快便遍布整个城市。

有个老朋友问他："你有成功的秘诀吧，能不能透露一下？"张志坦诚地说："哪有什么秘密，我的领导教会了我要站在一定的高度看问题；我的同事和客户教会了我看问题

不要忽略每一个细节，当你具备了以上两种看问题的能力后，做任何事情都不是难事了。”

天道酬勤，每个人都有美好的梦想，但实现梦想的途径就是努力，也许付出了可能没有收获，但是如果不努力地去做，那肯定不会有收获的。天上不会掉馅饼。

杰克·伦敦，美国现实主义作家，主要作品有小说集《狼的儿子》，中篇小说《野性的呼唤》《热爱生命》《白牙》，长篇小说《海浪》《铁蹄》和《马丁·伊登》等19部长篇小说和150多篇短篇小说和故事，另外还有3部剧本。但你能想到他是一个连中学的大门都没进去过的人吗？杰克·伦敦出生于一个贫困破产的农民家庭，从小就开始从事体力劳动，为了谋生，他8岁就不得不到一个畜牧场当牧童，此后，他先后当过报童、码头小工、帆船水手、麻织厂工人等，在16岁时，他失业了，在他流浪的日子里，和社会上的恶棍混在了一起，干起了打架斗殴偷盗之类的勾当，他曾因“无业游荡罪”被捕入狱，几个月后才重获自由。艰难困苦的童年使杰克·伦敦过早地成熟了。也许是天生爱读书，只要有机会他就会捧起书本读起来，在他不到9岁时，他已经能熟读西班牙旅行记《阿尔汗拉伯》，就是一毛钱一本的小说他也读得津津有味。在他11岁时，他到免费的公共图书馆借到了第一本书《鲁滨孙漂流记》，书中的故事深深地吸引了他，他便忘记了回家吃饭；第二天，他又来到图书馆，《天方夜谭》

把他带到了另一个奇妙的世界。此后的日子他几乎每天都来到这里看十几个小时的书：荷马、莎士比亚、赫伯特·斯宾塞和马克思等名人巨著都成为他的必读书。

19 岁时，流浪无着落的生活让他厌烦，被铁路工头欺侮让他憎恶，警察拳打脚踢的日子让他痛苦。他不想再靠卖苦力来讨生活，他进入了奥克兰中学，仅用了 3 个月的时间就读完了中学 4 年的课程，意想不到的是他竟然成功考入加州大学，但是后来因为缺少资金而辍学了。

在中学读书时，他就在校报上发表了小说并连载两个月，于是他产生了从事文学创作的念头。为了实现这个梦想，他每天实现 5000 字的创作目标，一部长篇小说在短短 20 天就能完成。他把自己的不同作品寄给不同的杂志社，但往往都会收到被退回的信件。他很失望，但并没有气馁。他的第一部获奖作品是《海岸外的飓风》，在旧金山呼声杂志社所举

办的征文比赛中获得了一等奖。

之后的短短5年，杰克·伦敦的6部长篇、125篇短篇小说出版了。他在美国文艺界成了知名人物

这个真实的故事不就是努力与回报的最好证明吗？所以不要再怀疑要不要努力奋斗，如果你想改变自己，那就努力去做吧！

架起与人沟通的桥梁——学会倾听

向别人倾诉，是一种天性，在自己遇到高兴的事儿时，就想要告诉朋友，与之分享；当自己遭遇不幸时，就想找个人来倾诉自己的痛苦，排解忧愁。倾听是人与人之间的一种交流方式，听是一种亲和的态度。一位作家这样描写倾听："沟通的最高境界就是静静倾听。"学会倾听可以促进人与人之间的情感。假如你在讲述自己的思想时，有人心不在焉，或者不停地打断你，为的是把话题转移到自己身上，你的心中肯定不快，因此，你不可能把这样的人当作知心朋友。

倾听能增进彼此的了解。

从小，我就总是摸不透我妈的脾气。有时，她对我要求很严格；有时，她又是那么和蔼，尊重我；有时，我们无话不谈；有时，我又不想与她说出自己的真实想法。

记得小时候有一次考试，因为粗心，我没有考好，妈妈看到我的成绩时，皱起了眉头。但是，她没有责怪我，而是耐心地帮助我分析了这次考试失误的原因，最后还鼓励我改掉粗心的毛病。

我也想取得好的成绩，这次的失误虽然没有受到妈妈的批评，但还是让我很苦恼。我就想找朋友诉说诉说，在我向一位朋友倾诉自己的苦恼时，她专注地听着，没有说一句话，随着我的语言，有时点头，表示认可；有时又紧锁眉头，表示疑惑；有时露出笑容，表示赞许……等我的畅述结束时，她才慢慢地说道："你的苦恼我能理解。你一定会吸取这次教训，下次考试时，你一定不会犯粗心的毛病。我很愿意做你的知心朋友，愿意倾听你的烦恼，我也会为你保守秘密，你要是把我当成好朋友，以后有什么不开心的事儿都可以和我说说。"

她诚恳的话语深深地感动了我，当我遇到不愉快的，或是烦心的事儿都会向她诉诉苦，而她都会静心地聆听，之后还会帮我分析原因，帮我排解疑难，我们一直是最要好的朋友。人生在世，谁都难免有困惑和烦恼，这时，身边能有一个能倾听自己心事，并能为自己排忧解难的人，真是人生之大幸。

同样，在希望自己有一个可倾诉，可依赖的人的同时，自己也应该扮演好一个倾听者的角色，因为这一角色能给他人产生很大的影响。

不久前，网络上刊登了一篇令人深思的文章，我读过之后深受启迪。那是一个年轻的出租车司机，为了生活，不得不早出晚归，每天都是拖着疲惫的身子回家，到家后，他累得不想说一句话，唯一的想法就是快点儿休息。妻子很爱他，见他回来了，就高高兴兴地讲述起自己一天的见闻，疲惫的他无心听那些琐事，懒得回应几声，妻子越来越觉得委屈。渐渐地，在丈夫回来后也不怎么说话了，温柔贤淑的她变了，虽然每天还是一如既往地料理家务，但脾气变得暴躁了。年轻司机感到很郁闷。一天，在等客人时，他和一位老司机闲聊起来，他向这位同事吐露了自己的心事，老司机告诉他："我交给你一个办法：从今天开始，不管你多累，回到家都要换上笑脸，打起精神，和妻子说会儿话，不需要很长时间，十分钟就行。"

年轻人有点儿困惑，问："这样能行吗？"

"你试试吧，也许行呢。"

年轻司机照着做了，第一天，妻子虽然感到意外，但还是很高兴，她讲起了她这一天的经历。之后的日子，年轻的司机每天回家就是和妻子聊些家长里短的事儿，有时还到厨房边听妻子聊，边帮着做点儿家务。没过多久，他就有了新的发现，妻子不等他说多少话，就会说："开了一天的车，肯定很累了，快歇着去吧！"妻子又变得温柔了，对他越来越关心体贴了。

现实生活中，有着这对夫妻这样的境遇并不在少数，究其原因，就是忙于生计而忽略了彼此，缺少了交流和沟通，感情因此出现了危机。由此可见，向人倾诉和在倾诉中懂得倾听对增进感情是多么重要。

做一个合格的倾听者，当别人在说话时，用心倾听，不打断别人，不轻易妄加评论。要知道对方之所以向我们倾诉，是因为信任，无论我们能不能给倾诉者提供指导或帮助，都不重要。倾诉的人要的是有个认真听自己诉说的人，他只是想排解一下心情，缓解一下心中的压力。

没有谁不想被关注，在谈话中，人们都想做那个掷地有声的主要角色，都希望自己的观点被认可。但是，如果把这个被关注的角色让给他人，自己只做一个倾听者，那样的你在别人的印象中应该是一个可交的、可靠的、不错的朋友了。

做一个认真的倾听者，表达的是对他人的关心和尊重。做一个智慧的人，就要学会倾听。

同一个起点，却走出了不同的人生

随着网络的普及，人们已经离不开手机了，人们都喜欢在朋友圈里展示自己的喜怒哀乐，让朋友们从这里了解自己的近况。不过，有些人在朋友圈发送的文字不看也罢，因为，你不会从中吸取到什么营养。他们不是抱怨工作不顺心，就是责怪上层不重用自己，又或者是埋怨收入微薄，生活拮据

等负能量的信息。事实上，他有着稳定的工作，收入也不菲。有多少人就是这样身在福中不知福，过分地看重功名利禄却失去了快乐。

曾在孤儿院里生活着两个孩子，他们是一对好朋友，他们先后被两个有钱的人家收养。他们都上了好的学校，有了自己的工作，一个成了商人，另一个成了职员。转眼到了不惑之年，商人在商场上顺水顺风，收获满满，开始有了安享晚年的打算。而职员虽然收入不是很高，但薪金稳定，在旁人眼中也是衣食无忧。

这天，久未相见的两个儿时的好朋友偶然相遇，两人找了一个茶馆坐了下来，他们聊起了各自的经历。商人因为生意的缘故，走南闯北，到过很多地方，他兴高采烈地讲起在各地经历的有趣的事，那高兴劲儿好像又去那儿游历了一番。

那个职员却高兴不起来，他说起了自己的不幸经历：他说自己是可怜的孤儿，后来被领养，到了很遥远的地方，在那里他感到很孤独，从没有快乐可言。职员越说越悲伤，商人越听越生气，打断了职员的叙述："行了，别再说了，你总是觉得自己是那么不幸。我们假想一下，如果当年你没被你的养父母收养，现在的你会有怎样的生活？"

职员很委屈，他说："我也想快乐地生活，但是生活就是这样不公平……"他又开始描述自己所遭遇的不公正待遇。

商人对他很无奈，叹了口气，说道："在我年轻的时候，我也曾对周围一切很失望，我不明白，为什么没有一件事让我满意，没有一个人懂我，我伤心失望，我痛苦难过，我甚至觉得整个世界都在和我作对。那时的我可能和现在的你一样，眼中看不到一线光明，心中感觉不到些许温暖。"商人沉思片刻，声调变得高昂起来，"不过，你应该这样想：我很幸运，虽然我是孤儿，但我有家，有父母，他们给了我良好的教育，也给了我幸福的生活，我感谢他们。而世界上还有很多需要帮助的孤儿或穷人，我应该向养父母那样去帮助别人。当你有了这样的意识，你就会忘记烦恼，快乐起来。当年的我就是感受到自己是那么幸运后，才一步步走向了成功！"

商人的肺腑之言感动了这位职员，一席话解开了多年的自认不幸的心结，使在痛苦中生活多年的他醒悟过来。他

明白了自己和商人在同样的境遇下之所以有着不同的心境，是因为商人看到的是美好的一面，而自己看到的只是糟糕的一面。

且行且珍惜，幸福的生活靠自己感悟，天堂和地狱只在一念之间。定期地梳理和内省自己的心灵，才能使自己的心灵不被心魔禁锢。

持不同的心态去对待同一件事情就会有不同的结果。以乐观、向上、宽容的心态去看问题，展露在你面前的是事物美好的一面；用失望、悲观、挑剔的心态去看事物，你的面前将是悲惨世界。生活在这个繁杂的世界，不可避免地要品尝生活的酸甜苦辣，保持一颗平常心，看开了，想透了，你就是幸福的人。

不要以“忙”为借口

从我们上小学开始，课本中就出现了让我们珍惜时间的名句，“少壮不努力，老大徒伤悲”“一寸光阴一寸金，寸金难买寸光阴”“时间就是金钱”“时间就是生命”等，这一句句都强调了时间的重要和宝贵。

创新工场董事长兼首席执行官李开复也说过这样的话:“人的一生两个最大的财富是：你的才华和你的时间。才华越来越多，但是时间越来越少，我们的一生可以说是用时间来换取才华。如果一天天过去了，我们的时间少了，而才华没有增加，那就是虚度了时光。所以，我们必须节省时间，有效率地使用时间。”

仔细回想自己的工作和生活，我开始汗颜，我半生的时间不知跑哪儿去了。

我觉得我也不是不珍惜时间的人，因公外出，不管是学习还是培训，任务完成后，会有很多空余的时间，但这凭空多出来的时间，真不知该干吗，只能在感慨时间宝贵的叹息声中，让时间悄悄地溜走了。

在工作的时候，我总觉得正常的上班时间不够用，经常加班，有时候还会把剩下的工作带回家。我认为是工作量太大。

我找出了我的工作日志，发现出差时需要处理的事也不少，再加上学习培训，办公的时间应该是变少了。回顾我在办公室的一天，我突然醒悟，原来本来用 20 分钟就可以完成的事，却要用掉 1 个小时。其中会有喝水、聊天、去洗手间，或者其他一些杂事。专心工作的时间就被乱七八糟的事挤占了。

在工作之余，面对完成工作后的剩余时间，我也不能坦然地去休息，看到他人在忙碌地工作，我岂能自己悠哉悠哉，那样我会感到过意不去，负有罪恶感。

我心中有一种根深蒂固的思想：不作为就是无德。学生时代在考试的时候，就算遇到了没见过的题目，我也会东拼西

凑地把卷子写满，想着至少得个辛苦分。在现今的工作中，我在别人眼中总是“忙，忙，忙”，我不能静静地享受井井有条地工作所带来的成就感；也不习惯欣然地享受留给自己的专属时间。

我刚参加工作的时候，也一度是个工作狂人，认为只有这样才能体现出自己的价值，只有拼命地工作才觉得问心无愧。为了体现自己的“价值”，我把时间安排得满满的，好像我总是在忙碌地工作，时间一久，我也就习惯了这种忙碌，也自以为忙得有价值，并且熟练掌握了让自己看起来更忙碌的技巧。我学会了用详尽地记工作日志的方式排解自己失落的情绪，学会了以“忙，没有时间”为借口来推辞无意义的饭局，知道了有时该以“不行的，我还要加班”来拒绝无聊的聚会。

“忙！”真是一个很好的借口。渐渐地，我习惯了处于繁芜琐事的世界，却无法适应轻松简单的生活。我因此得了“周末忧郁病”“下班恐惧症”，我害怕周末，害怕下班。回到家，我不知该做什么，也不想做什么，在这空寂里，漫无目的地打开电脑，希望那些声、光、影吸引住我的视线，并填充进我的大脑，但是之后不会留下任何痕迹。我并没有发现这样做的不妥，这种忙碌让我很有底气，我沉浸在这种忙碌的快乐里，我以自己的忙碌而自傲。我却忽略了我所做事情是不是有价值，有意义，一个“忙”掩盖住我生活的失落。

“忙”是为了实现自己的理想？还是展示自己的价值？

“忙”实则是为了掩盖不想面对的真相。

事实上，如果我用我工作的四分之一时间就能很好地完成那些任务，那样的我根本不需要加班、熬夜，甚至把自己弄得疲惫不堪。

我反思自己，认识到过去自己错误的时间管理。明白了真正善于工作的人，他不会受制于外力干扰，他要的是工作的效率和质量。

我着手合理地运用时间。虽然我知道多年养成的习惯并不能立即改变，但我知道了症结所在，我知道该怎么去做。

于是我为自己制定了行动计划，之后的日子，每小时做一次记录，然后分类、统计。这样我就能清楚地知道哪些时间是自己浪费的，浪费了多少。接着，我紧缩了无关紧要的

事的时间，提前赶到公司后，为这一天做出安排。开始工作，就专心致志地做最紧要的事，对于别人的要求该拒绝的就干脆地说“不”。只有这样才能排除鸡毛蒜皮的小事的干扰，原本该做的事很多，谁也不可能把所有事情做完，但肯定有时间做最重要的事情，你会发现这样一安排，时间好像变多了。

一定要学会合理安排时间，善待时间，这样就会赢得时间的眷顾。

其实我们每天白白地浪费了很多时间，如等车、排队、闲聊等，别小看这些零碎的时间，把它们汇集起来也是相当惊人的。看似忙碌的生活中，实际上又有多少时间是用在了重要的事情上呢?

有了这一发现，我就对这些碎片的时间做了计划，之后我就开始有步骤地实施。结果在这些零碎的时间里，我看完了那些一直想看却没有时间看的书，参加并通过了一个过去没时间参加的考试，掌握了早就想学，但苦于没有时间学的技能。

时间对每个人都是公平的，你抓住了它，把它用在什么地方，那个地方就能开花结果；你忽略了它，任它溜走，那你也将两手空空。做时间的主人吧，在你的掌控下，按照主次合理地分配和利用它，你将会得到丰厚的回报。

贵在坚持

假如你有一些鸡蛋，你是想把它们放在一个篮子里，还是分别放在几个篮子里呢？在这个问题面前，人和人的想法肯定不同，看看19世纪美国著名作家马克·吐温是怎么说的吧。

“不要把鸡蛋放在一个篮子里……因为把所有的鸡蛋放在一个篮子里，如果被打翻了，你就可能一无所获，这对于某些人或事来说是对的。但对于我来说还是把所有的鸡蛋放在一个篮子里，然后认真地看好这个篮子是再合适不过的。”一个著名的作家说这些话的意图是什么呢？原来这些感悟来自作者的切身体会。

马克·吐温的作品深受大家的欢迎，他的作品一经出版就被抢购一空。马克·吐温看到自己的书这么畅销，与其让出版商和销售商卖自己的书赚钱，还不如自己出版并销售自己写的书，那样自己肯定会获得更多的收入。这种想法一出现，就在脑海中抹不去了，他索性行动起来，开始身兼多职：作家、出版商和销售商。有些事看起来容易但做起来难，隔行如隔山。一年之后，他的商业经营已经难以为继，做出版和销售花费了他许多的精力，根本不能静下心来进行创作，一切都事与愿违，马克·吐温认识到失败的根源，断然地放弃经商，一心一意地重回文学创作之路。马克·吐温在回顾自己走过

的路时，就用在篮子里放鸡蛋来比喻自己的经历。

事实也确实如此，人和人之间的兴趣、爱好不同，人的智力有差别，人的天赋也确实不一样；有的人对数字感兴趣，有的人喜欢机械，有的人具有商业头脑，有的人……同一棵树上找不到两片完全相同的树叶。这对于人来说也是如此，世界上也不可能找到两个完全相同的人。每个人都有自己的优点和缺点，但不是说每个人都能利用自己的优点，找准自己的位置。有的人的悲哀是把自己的优点埋没了。马克·吐温在走了一段弯路后，做出了正确的判断，找准了自己的位置，经过努力得到了丰厚的回报。

随着时代的进步，人们的经济头脑越来越灵活，尤其是信息时代，人们获得信息的途径越来越多，致富的道路越来越宽，不过不是所有人都能够致富，从商之道也有原则。

在我国南方的一个小镇子上，有一对勤劳能干的夫妻，他们从父辈手中学得手工竹编技巧，其精湛的竹编技艺享誉临近村落。

不巧的是，附近村落兴起木门制造业，眼看着一家家门厂建起来，进料，出货，好一派繁荣景象，很多人也因此过上了富裕的生活。

夫妻俩看着自己不景气的生意打起了退堂鼓。经过再三思量，他们也加入了木门制造业的队伍，事业正式起步后他们才发现，干这一行也并不像当初想像得那么简单。一是技术问题，自己不懂，需要技术工人，这是一笔不小的投入；二是缺少客源；再就是人们看到这一行的利润丰厚，加入的人越来越多，导致竞争加剧，人们打起了价格战。夫妇俩眼看着生意越来越不景气，这样算起来还不如做竹编时的收入多，可要重操旧业吧，夫妇俩又舍不得，毕竟自己在新产业上投入了大量的资金。

一天，他们以前的一个客户前来，看到他们改行了，不解地问："我真搞不懂你们是怎么想的，你们有那么好的竹编技术，为什么要跟风呢？人们现在的消费水平提高了，手工制品越来越热销,你们要是不改行多好,我通过做市场调查，发现了一项新的竹编项目将来肯定能火起来。我这次来就是打算跟你们定一个长期合作的合同，现在看来合作不成了，可惜你们那么好的技术了。"

夫妇俩意识到自己错过了致富的好机会。有多少人也像他们一样经不住外界的诱惑，只看到眼前的利益，缺乏长远眼光，一时心血来潮，舍本逐末，结果当然是得不偿失……

夫妇二人听了客户的教诲，明确了自己的定位，决定重新做现代最流行的手编竹制品。他们结合当下民众的喜好，不断地推陈出新，他们的生意也越做越大，几年后，他们有了相当可观的收入。

无论做什么事，都要用心去经营。与其在目标选择上纠

结，消耗太多的精力，倒不如专心地做一件事，将它做到尽善尽美。

我们把自己想做的事情做好并不难，难的是不被外界的喧嚣所干扰：别人的一句话就可能把你拉向旁路，外界的一点儿风吹草动就会让你不知所措，在诱惑面前也不能坚守。

不过走些弯路并不可怕，怕的是在错误的道路上不肯回头，乃至越行越远。

一个人在了解了自己的特长后，还要明确自己的奋斗目标：我要成为一个怎样的人，然后坚定不移地向既定目标前行，路上不畏艰难，不忘初衷，任何困难都不能阻止奋进的脚步，成功就在眼前。

成功的另一个条件是有一个有助于自己发展的环境，找到一个能施展才华的平台。孟母三迁，就是因为她懂得环境对一个人的影响。当我们发现身处的环境不再适合自己时，要做到及时抽身，再寻找，再选择，再开始，因为有时候不是自己的能力不够，而是错估了自己，走错了路。

一个人找准了自己的目标，然后专注于自己热爱的事业，发挥出自己最大的潜能，这是一种幸运，是一个人最好的日子。

别为失败找借口

生活中的我们都觉得应该得到自己所向往的一切，没有谁会觉得自己做得不够好，如果现实中没有如愿以偿，那问题可能出在别处。果真如此吗？当然不是，生活会因我们错误的选择，给我们重重地一记耳光，让我们明白真相和幻想的区别，然后生活在悔恨之中。

丹尼尔·韦伯斯特是美国著名的政治家、法学家和律师，他曾三次担任美国国务卿，并长期担任美国参议员，曾被美国参议院评选为“最伟大的五位参议员”之一。作为美国参、众两院的老牌政治家，不可能不想成为总统，这可是他的终极目标。但是，一国只有一个总统，而他从未得到提名为总统竞选候选人的资格。

命运之神是那么难以捉摸，它往往会给你开玩笑。有时它会慷慨地把梦想成真的机会递给你，但你把手藏在了身后，

当你看到你的梦想被别人伸出的双手接去后，你会悔不当初。韦伯斯特的才能有目共睹，所以在两个总统候选人先后当选总统后，都邀请韦伯斯特帮助其参与政务管理，担任副总统一职。不过，他认为副总统的职位对他来说太屈才，坐不上那最高的位置就不做，怎么也不会委屈着退而求其次。

令人没想到的是这两任总统都是任职没多久就离世了，要是韦伯斯特答应其中任何一个人的邀请，做了副总统的话，他就会顺理成章地接任总统一职，自己的梦想很容易就实现。可惜的是，人们总是在失去后，才知道自己曾拥有多么重要的东西。

很多时候，我们以为自己尽力了，做了自己该做的，但要想达到目标，这还远远不够。力气谁都有，全力以赴的同时还要动脑用心。

打个比方吧，老师给了你一道数学题，要求你算出答案，于是你就开始伏案计算起来，算啊，算啊，你算得头昏脑涨了，也得不到结果，你没有办法，只好去请教别人，结果是你把题号上的数字也看成算式中的内容了，数字错了，那肯定算不出结果了。于是，你很生气："是印刷不清楚，题号上的数字和标点与题中的数字没有明显地区分开。"你把责任推卸到印刷上，因为生气，你放下了笔。

在自己的意识中，自己没有做错，是事情没按常规发展，我们会理直气壮地说："我在这件事上没做错，是条件不完善。

我肯定是尽了力，问题的出现在意料之外……这些因素不在我能控制的范围内，任务没完成，不是我的责任。”

事情都有两面性。把事情反过来想，如果你没有匆忙下笔，而是认认真真地看了题前提后，也不至于有一个错误的开始，更不会浪费那么多的时间，即便是带着问题入手。如果我们一开始就发现问题，解决问题，那么我们就会成功地完成任务。

有很多事情是可控的，提前检查，做好准备，排除所有能导致失败的因素；在遇到无可回避的意外事故时，及时采取补救措施，吸取经验教训，再次起步。

时代的脚步我们无法控制；他人的思想和行为我们控制不了；意外灾祸我们不能预期，但不是所有的一切都不由掌控，我们能控制自己在这种环境中的行为和心态。有些我们认为无法控制的，事实上已经被我们控制了。

不过，因为自己的不自信，不敢承认自己的能力，或者不敢承担失败的责任，稍遇问题就打退堂鼓，或者怨天尤人，或者为了掩饰自己欠缺的能力，盘算去找一个“替罪羊”。总而言之是我们没尽心尽力。反思自己，有多少次在面对有挑战性的任务时，我们只是运用自己已经掌握的知识和经验，而没有想新的办法去解决呢?

当一个人遇到自己不能解决的问题时，你采用的是“我已尽力，但我解决不了这个问题，我没有这个能力。”之后就是放下。

反思自己，如果领导给了你一个别人留下的烂摊子，你是仅仅做一下总结，然后给一个“无药可医”的定论，还是会想办法为这个摊子解决问题，进行补救或者尽可能地减少损失？

你可能说我已经尽了全力，但实际你当真尽了你最大的努力吗？你没有倾尽你的能力，你当然不会得到你的预期。

如果你尽了最大的努力，但事情依然没有成功，那等待你的结果又会是另一个样子。

面对难题时，相信自己可以解决，并勇于付出。在自己努力拼搏的过程中，有一个方法也许可以帮助你理清思路，那就是全力以赴。

“想尽一切办法，用尽一切可用资源，做尽一切要做的事”，事情总归会向好的方向上发展。

一滴汗水一分收获！别辜负了大好时光！

成功背后的故事

在漫长的人生旅途中，有鲜花、掌声，也有荆棘和坎坷，我们的生命就是在困境中一次次地磨砺而升华。“山重水复疑无路，柳暗花明又一村。”也许我们经历了山重水复，却没见到柳暗花明；也许在黑暗中经历了很长时间地摸索前行，却总不见旭日东升；也许，我们向往翱翔于长空，而虔诚的信念却

被世俗所羁绊；也许，我们崇尚纯洁的灵魂，却找不到寄托的净土……这时的你灰心丧气了吗？你想放弃了吗？我们为什么不可以勇敢而坚定地对自己说："再试一次！"再试一次，就有可能达到理想的彼岸！离成功或许就差这一次。

有一天，一个年轻人来到一个上市公司的经理办公室，说是来应聘的，这让经理疑惑不解，因为公司近期并没有发过招聘信息，年轻人解释说是自己路过这里，贸然进来的。

年轻人的解释让经理来了兴趣，就破例给了他一个机会。结果，年轻人在面试过程中表现得很糟。他告诉经理，自己这次贸然前来，没有做任何准备，经理以为这是他为自己找的借口，也就给了年轻人一个台阶，随口说道："那就等你

准备好了再来吧。”

一个星期后，年轻人再次走进了经理办公室，虽然他这次的表现比上次好很多，但还是达不到公司的要求。

年轻人得到了和上次一样的答复：“等你准备好了再来吧。”

年轻人经历了五进五出的测验后，最终被公司录用了，他成了公司的重点培养对象之一。

无独有偶，与这个年轻人有相同经历的还有一个小伙子，叫彼得。

彼得等来了心仪已久的世界五百强之一的某公司的面试通知，他心花怒放，立刻开始为面试做准备。终于到了面试的日子，只见他西装得体，皮鞋一尘不染，最后系上了一条崭新的领带，打扮完毕，对着镜子中的自己，满意的说了声：“Good luck！”

上午十点钟，他精神饱满地走进了公司的人力资源部。有人向经理做了通报后，年轻人稳了稳紧张情绪，提着手提包，轻步走到经理办公室门前，举手轻轻地敲了几下。

“你是？”屋里传出询问声。

“你好！经理先生。我是彼得。”彼得缓缓推开门。

“你好！彼得先生，你可以出去再敲一次门吗？”办公桌后面端坐着的经理面无表情地看着进来的彼得。

彼得感到困惑，但也没多想，转身往外走去，轻轻关上

了门，然后，他又轻轻敲门，接着，推门进去了。

“彼得先生，这次你做的不如上次好，你能重新再来一次吗？”在经理示意下，彼得又出去了。

重新敲门，再次踏进办公室。

彼得虔诚地问：“经理先生，这样做可以吗？”

“你这种说话方式有点不恰当。”

彼得再次出去，再次走了进去：“我是彼得，很高兴见到您，经理先生。”

“这样不行。”经理依旧平淡地说，“再来一次吧！”

彼得再次敲开了经理的门：“请原谅，打扰您工作了。”

“这样还行，不过，要是你能再试一次可能会更好，你能再试一次吗？”

彼得第十次退了出来，他对新的工作的憧憬和内心的喜悦早已跑得无影无踪了，心中随之升起一股怒火。心想：“这哪里是招聘面试，明明是耍弄人。就只进门打了个招呼，怎么这么多讲究。”彼得转身就要离开，不过他没迈出几步，就又转回了身，他心想：“我不能就这样走，这样走不就成了战场的逃兵了，我一定要听到公司用不用我的答复。”

彼得梳理了一下情绪，他第十一次举起了手，轻轻地敲响了门。他刚进门，就听到一阵热烈的掌声， 彼得怎么也没想到，就是这第十一次的坚持，让他敲开了这扇成功之门。彼得不知道公司这次招聘的是一名市场调查推销员。要想成

为一名优秀的推销员，既要有良好的学识和素养，更要有锲而不舍的毅力和能够经受起磨炼的耐心，心理素质一定要过硬。这样的测试完全可以考查出一个人的心理素质。

在开罗博物馆内陈列着从图坦·卡蒙法老王坟墓挖出的宝藏，数不胜数。宝藏几乎列满了开罗博物馆的整个二层，有贵重黄金、珍贵的珠宝、精雕细琢的饰品、大理石制成的容器、古代的战车以及用象牙和黄金做成的棺木等，所有的物品都匠心独运，巧夺天工，恐怕今天的能工巧匠也做不出来。

但是就这些价值连城的宝藏的发掘过程也是经历曲折，如果没有英国探险家、考古学家霍华德·卡特得再多挖一天的坚持，这些宝藏应该还被深埋在地下呢！

图坦·卡蒙法老王坟墓的发掘者卡特在自传中讲述了挖掘的过程，他们经过多年的挖掘，一无所获。在那个冬天，卡特几乎不再对找到年轻法老王坟墓抱有希望，那些赞助商也打算停止赞助。卡特这样描写当时的状况："我们在这个山谷已经挖掘了六个春秋，我们毫无收获，现在应该是我们在这儿的最后一季了，近几个月我们不停地挖掘，什么也没有发现，人们几乎绝望了，所有人都肯定了我们的失败，于是开始打算离开这儿，到别处碰碰运气。就在这一刻，我决定再拼一次，如果没有这最后的一拼，这远超出我们所想的宝藏就永远也不会见到天日。"

霍华德·卡特的最后一搏使得近代唯一的一座完整的法老王坟墓得以完整出土，他一下子就上了全世界的头条新闻。

你没亲身经历过挫折或者失败，你没有遇到面临悬崖时的绝境，你并不能体会到那种让人难以想象的无助和绝望。

虽然那时会有人激励你“在困境中崛起”“风雨过后就是彩虹”。惨痛的经历过后再次振作谈何容易。现在有一个简单的方法：再给自己一个机会。自信地对自己说：再试一次就能成功！就像前面的三个故事的主人公那样。

做好自己，完成使命

天生我才必有用，每个人来到这个世界上都会有自身的意义和价值。要实现自我价值，只能依靠自己，走自己的路，做自己的事儿，总结自己失败的原因，汲取自己失败的教训，铲除前进路上的绊脚石，做自己命运的主宰。竭尽全力地完成自己的使命，这是对一个有责任心的人的要求。

在一个长满果树和鲜花的花园里，那里的成员们都感到很幸福，他们对现在感到心满意足，他们快乐地生活着。

可是，它们在一个低矮的地方发现了一棵满脸愁容的小树，看来它是遇到什么困难了，原来，困扰着这个可怜的小

家伙儿的事情是它不知道自己是谁。

苹果树说："做一棵苹果树吧，很容易的，只要你专心努力地生长，就会结出又大又美味的苹果。"玫瑰花听了，摇摇头说："别听苹果树的，你看我们玫瑰花多漂亮，没有人不喜欢我们，而且，我们开花可容易了，做一棵玫瑰花吧！"可怜的小树听了它们的话，拼命地生长着，但它越长越觉得自己是那样的失败，越长越和它们不一样。

这天，一只聪明的鸟来到了花园，它恰巧落到了小树的树枝上，于是它们便攀谈起来，小树说出了自己的困惑。那只鸟说："你不用发愁，没有什么大问题，这个问题是地球上的许多生灵都会遇到的。我有一个好办法能够帮助你：你别再拼命地去把自己变成它们希望你变成的样子了，那是在浪费自己的生命，你就是你，你要倾听自己的心声，了解自己，做你自己。"说完，鸟飞走了。

小树开始琢磨鸟的话，他自言自语道："倾听自己的心声？了解自己？做我自己？"说着说着，小树明白了。它慢慢地合上了双眼，它听到了自己内心的声音："你不是苹果树，

你永远都结不出苹果；你也不是玫瑰，你不会每年春天都开花。你是一棵橡树，你的使命就是给鸟儿们一个栖息的场所，给游人们一片阴凉；你的使命就是让环境更美好。这才是你，努力生长吧！”

小树醒悟了，顿时感到神清气爽，觉得浑身上下充满了力量，它开始朝自己的目标努力奋斗。它长成了一棵大橡树，枝叶遮盖了一方空间，实现了自身的价值，赢得了人们的爱戴和尊敬。就这样，花园里的每一个生命都快乐地生活着。

每个人都有各自要完成的使命，每个人都有自己的特定位置，只有认识自我，完善自我，才能实现自我的人生价值，达到人生的最高境界。不要让不相干的人或事干扰我们认识和享受自我存在的价值。

挑战自我，超越自己

“天将降大任于斯人也，必先苦其心志，劳其筋骨，饿其体肤，行拂乱其所为，所以动心忍性，增益其所不能。”这是孟子的名言。人最难战胜的是自己，在挑战自己、战胜自己时付出的勇气也是最可贵的。因为要超越自己，就要走一条自己从未走过的路，这条路不会总是铺满鲜花的，时常

伴你左右而是荆棘、坎坷、悬崖、陡壁，你前行的每一步都将会洒满拼搏的汗水，甚至是血与泪，战胜自我、超越自我意味着迈向成功。

亚伯拉罕·林肯在1809年出生于一个贫苦的农民家庭，25岁以前，他没有固定的职业，四处谋生，这个人怎么会和美国政治家、思想家、战略家林肯——被评为影响美国的100位人物的第一名联系在一起呢？但这就是他自己，读了下面关于他的成长故事，你一定会有所感悟。

1832年，林肯失业了，他很伤心，但他想当政治家，当州议员的决心没有动摇。他参加竞选失败了，他没有被痛苦打倒。林肯开始着手开办自己的企业，不到一年的时间，企业又倒闭了，在之后的数年，他还在为偿还因企业倒闭时所欠的债务而奔波。1834年，林肯再次决定竞选州议员，这次他成功了，他认为自己的生活有了转机；1835年，他订婚了，但在他将要结婚前，不幸的事又发生了，他的未婚妻去世了。这件事给了他重重的一击，他曾卧床数月；1838年，林肯身体恢复了，他参加州的议会议长竞选，失败了；1843年，他又参加了美国国会议员竞选，仍然没有成功。

林肯一次次地尝试，但却一次次地失败：企业倒闭，爱人去世，竞选败北。这些遭遇放到你身上，你会选择放弃还是坚持？林肯选择了坚持。1846年，他再次参加国会议员竞选，终于当选了。事情没有结束，两年任期时间很短，他要争取连任，遗憾的是他失败了，还因此赔了一大笔钱。之后还是接连的失败，但他仍旧没有放弃，终于在1860年当选为美国总统。林肯一直没有放弃自己的追求，他一直在做自己生活的主宰。

坚持一下，超越自我，这个世界上最难超越的就是自己。

世界上最著名的多产作家——英国的约翰·克莱斯共创作了564部小说，这么大的出书量是不是意味着他的作品没有失败？说出来你也许不信，他被退稿的次数就有753次。你能接受这753次的失败吗？

发明大王——爱迪生可是小时候被认为是最愚蠢的人。他一生的发明有1093项，在我们惊叹他的聪明才智时，也应该知道他失败的次数，3000多次，这个数字可是将近发明的数字的3倍。所以，爱迪生说：“天才是1%的灵感加99%的汗水”

人生是自己的，不必活给别人看，每天和你竞争的只有你自己，在今天和昨天之间，只有你知道自己的输赢。所以，要记着时时给自己提个醒：赢自己一把！

有苦才有甜，先苦后甜

人生！只有苦过才知甜滋味。朋友，你觉得这句话有道理吗？一年前你是谁，甚至昨天你是谁，都不重要。重要的是今天你是谁，以及明天你将成为谁。

人生晚吃苦不如早吃苦，人生是会累的，你现在不累以后会更累的。人生本就不是一帆风顺的，如果年轻时你不吃苦，晚年你会在苦日子中度过。正所谓“天下则无上无敌则无高。无苦则无甜，唯累过方之闲，唯苦过方知甜。”

趁着年轻大胆地走出去。去迎接风霜雨雪的洗礼，练就一身的忍耐、豁达、睿智，然后幸福才会来到。

苦是生命中的重要元素

钱锺书在《围城》说："天下只有两种人。譬如一串葡萄到手，一种人挑最好的先吃，另一种人把最好的留到最后吃。照例第一种人应该乐观，因为他每吃一颗都是吃剩的葡萄里最好的；第二种人应该悲观，因为他每吃一颗都是吃剩的葡萄里最坏的。不过事实却适得其反，缘故是第二种人还有希望，第一种人只有回忆。"这种现象很常见，吃饭的时候也是如此，有些人喜欢把好吃的留到最后，有些人喜欢先吃好吃的。命运有时候也会如此安排。

没有顺风顺水事事如意的人生，相反正是那些坎坷磨难成就了我们。让我们在一次次的挫折打击中变得坚强成熟，让我

们在面对人生低谷的时候，能够从容应对一切困难。因为我们知道只有面对问题，才能解决问题。逃避是对自己人生的不负责，是一种懦弱。逃避害怕是愚蠢的，这样的人生注定是失败的，也没有人同情。年轻有资本，有足够的时间来历练自己，成就更好的自己。只要我们有颗不甘与人后想要努力改变自己的心，就要付出行动，坚持下去。我们不应该觉得自己一无是处，自甘堕落。而是应该坚定目标，默默成长，默然坚强。虽然在坚持的过程中，我们会遭遇很多困难打击，可是这些不是我们放弃的理由。我们既要享受自己成功的喜悦，也要接受自己失败的落寂。我们都曾孤独迷茫彷徨过，难受着，痛苦着，却依旧有梦并坚持着，即使有雾霾，也依旧寻找着光亮。人生无非就是一场自己跟自己的较量，在这条路上你可以努力改变自己战胜自己。也可以得过且过放弃努力败给自己。为自己的不作为，老来无依买单。不要让努力一时兴起，热爱就热爱下去，最后哪怕是哭了，我相信你也是笑着哭的。

吃得苦中苦，方为人上人。如果你想要成为人上人，那么就先得经历常人难以想象的痛苦与艰辛。老鹰是世界上寿命最长的鸟类，一生可以活到七十岁。但这七十年寿命可不是每只老鹰都拥有的，一部分老鹰在四十岁的时候就结束了它们的生命，因为到了这个年龄，每一只老鹰都要做出一个困难却极其重要的决定——重生还是死亡？老鹰首先用它的喙敲击岩石，直到完全脱落，然后静静地等待新的喙长出来，再用稚嫩的喙将老化的指甲一一拔掉，再用新指甲拔掉身上钙化的羽毛，等到新的羽毛长出来，它们才可以重新拥有展翅翱翔的能力。

所以，当我们面对人生挫折的时候，不要自暴自弃，因为每个人都会遇到。既然如此，我们也就不必怨天尤人，只有像老鹰一样，战胜自我，才能成功。在这熬得住出众、熬不住出局的残酷现实里，我们必然要经受数不清的磨难与痛苦。如果没有苦的修行，那么你与成功永远都是两条平行线，无法交集。如果你拥有吃苦的决心，那么你与成功的距离就会越来越近。这就和老鹰蜕变重生是一个道理，其过程需要承受住巨大的痛苦和疼痛所带来的煎熬与折磨。倘若一旦成功，就能再次翱翔苍穹。

作为地球上最具智慧的生物，我们人类就是如此。只有禁受得住社会与生活对我们的考验，才能够取得成功。也许我们无法像老鹰那般翱翔苍穹，也无法像鸟类之王凤凰一样浴火重生，但吃了苦的人会用自己的方式来体现自我价值。一个人只有经受了痛苦与艰辛，那么他就离成功不远了。

世界上真的没有克服不了的困难。茫茫草地，皑皑雪山，13 根烧红的铁链，奔腾不息的金沙江，这些都没能阻挡伟大红军前进的脚步。所以，我们不论有多大的痛苦，都要努力去克服。

苦难是幸福的依托

人的一生，谁能不吃苦？又有谁能说清到底要吃下多少

苦？而人，不正是在挫折和苦难中逐渐成长的吗？

“自古英雄多磨难；从来纨绔少伟男。”这是前人对苦难生活结果的哲理性总结。人在苦中不知苦，因为当逆境来临之时，人自然会产生适应力，并能发挥潜能战胜困难，所以才有“因祸得福”一说。苦难也是一笔财富，所以我们要正视痛苦。

“存在即是合理”。每个人都曾有一段坎坷的经历，对谁来说都是如此。这种坎坷是客观存在的，所以坎坷的存在是合理的。人许多的记忆都是在坎坷中产生的，以至于许久以后我们还不忍心将其抛弃，成为我们人生的一个组成部分。回忆是一个过程，我们就想看看那时候自己如何从艰苦的岁月里走出来，拥有一片海阔天空。苦难是生活的调味剂，是幸福的衬托。正因为有了苦难，才让快乐变得更加弥足珍贵。

坎坷是一种困境，用心体会就成了苦难。困境与苦难完全不同。人生是由许多微观元素组成的，其中最重要的是内心对于苦难的承受能力。承受能力强的人，总是会把苦难看作促进自我成长，心灵蜕变的动力。

你现在的不如意、逆境、挫折乃至苦难，不必上心，正视就够了。这都是你的财富！苦难是最好的人生经历。古今中外，凡成大事者，很多都是从苦难中走过来的。在逆境中，我们会经受各种考验与锤炼，百炼成钢，成就我们非凡的意志和能力。逆境并不可怕，可怕的是你把它看成结局而不是过程。

忧愁也好，快乐也好，无可奈何、听之任之也好，置之不理、耿耿于怀也好，它们都在你的眼前，不管你怎么去对待它，它就在你生活的点点滴滴中。

人生就像一杯茶，你要学会慢慢品味。“山重水复疑无路，柳暗花明又一村”。世上没有绝路，必须给自己退路。人生没有后悔药，经历沧桑，看清世人。

吃亏让人学会改变；吃苦，让人学会锻炼。人生是一次修行，不忘世人，学会宽容。

学会正视痛苦，而不是牵挂痛苦，我们的人生才会幸福。

生活的本质是吃苦

苦，非我所欲也。每一个人都希望自己一帆风顺，幸福快乐。可是，苦难，是幸福的孪生兄弟，须臾不可分开。因此，我们需要换个角度来看待苦难。苦难是人生的一个重要组成部分，没有苦难的人生，不是一个完整的人生。人生谁没吃过苦？又有谁没吃过亏？你在羡慕别人的同时，可能别人正在羡慕你。

吃苦是一种资本。“宝剑锋从磨砺出，梅花香自苦寒来”，锋利的宝剑，如果没有经历千万次的磨砺，怎么可能吹发即断、削铁如泥？梅花如果没有经历冰天雪地、水瘦山寒，没有经历滴水成冰、大雪纷飞，怎么可能有扑鼻的醉人花香？

苦，锻炼了人的心智，磨炼出人的意志，使人能更乐观地憧憬着美好。不经历风雨怎能见彩虹。温室里的花草，是经受不住大自然风雨的。同样，衔着金钥匙长大，在蜜罐里成长的

孩子，成人后也是经受不住社会的历练。

两千多年前“亚圣”孟子这样谆谆教导我们，“天将降大任于斯人也，必先苦其心志，劳其筋骨，饿其体肤，空乏其身，行拂乱其所为。所以动心忍性，曾益其所不能。”是啊！要想成就一番事业，不吃苦是肯定不行的。虽然幸福能给你带来美妙的体验，但是痛苦却能使人从中得到深刻的领悟，并且变得更加坚强。

1871 年 5 月 6 日，法国美丽的海淀小城瑟堡市，一家很有名望的造船厂业主的家里，一个名叫维克多·格林尼亚的小

男孩儿出世了。为人父母，当看着自己的孩子时，心里说不出的高兴。哪个父母不疼爱自己的孩子，于是孩子想要什么就给什么。夫妻俩以为只要孩子过得快乐就行了，所以从来不管教孩子。到了上学的年龄，父母早早就送他去上学，而且还请了家庭教师辅导。无奈格林尼亚已经养成了娇生惯养、游手好闲的坏毛病。父母的溺爱使得格林尼亚成了一个“鼎鼎有名”的纨绔子弟。在一次舞会上被一个叫波多丽的女伯爵狠狠地训斥：“请离我远一点，我最讨厌像你这样不学无术的花花公子！”自此以后，格林尼亚闭门不出，检讨自己的行为，并进入了里昂大学插班苦读，获得博士学位。1912年瑞典皇家科学院鉴于格林尼亚发明的格氏试剂，对当时有机化学发展产生了重要影响，决定授予他诺贝尔化学奖。波多丽女伯爵骂倒了一个纨绔子弟，骂出了一个诺贝尔奖获得者。

格林尼亚知道羞耻。他清楚地知道自己要本事没有本事，要德行没有德行，竟成了社会上的一个“公害”。他想到波多丽女伯爵教训自己时，周围人都窃窃私语，人们早已了解了自己的品行，而自己的狐朋狗友都躲得远远的。

有位作家说道：“我越来越相信，人生是苦海，是惩罚，是原罪。对惩罚之地的最恰当的态度，是把它看成锤炼之地。”因为认识到了自己的错误，格林尼亚感到有生以来的轻松。在瑟堡市也不会有人相信他能够幡然悔悟，要想重新开始必须离开瑟堡市。找到了犯错误的原因，就必须马上改正。他

离开家乡达8年之久，我们很难想象他的父母经历了怎样的思念之苦。

是啊！挫折、苦难，是人生进步的阶梯，是人生历练的大熔炉。无论哪种挫折，我们都无法预测，但是我相信，老天是公平的！付出肯定会有回报。一分耕耘，一分收获。朋友们，不要害怕挫折，不要担心苦难。苦难不是结局，只是人生路上的一道风景而已。

苦难使我们参透人生

达·芬奇是著名的大画家。他之所以成功，是因为他的父亲发现达·芬奇从小就表现出对绘画的浓厚兴趣，就把他送到意大利著名旅游城市佛罗伦萨，拜著名的大师费罗基俄为老师，向大师学习造型艺术。

费罗基俄大师深知基础教学的重要性，就教达·芬奇画蛋。

这很容易啊！不就是个圆圈儿嘛！达·芬奇心里暗暗得意，于是就开始遵照大师的教导开始画蛋。

一天，一天，又一天，终于达·芬奇画蛋画得厌倦了。但是，大师似乎并没有放过他，依然叫他继续画蛋。

达·芬奇忍受不了啦！于是他便鼓起勇气把自己的疑惑

告诉了大师。

费罗基俄大师微笑着答道："要想成为一个伟大的画家，基本功就必须非常扎实。教你画蛋，其实就是在锻炼你绘画的基本功啊。你看一千个鸡蛋中没有两个蛋的形态是完全一样的。即使是同一个鸡蛋，从不同的角度看，它的形态也是不一样的。通过不停地画蛋，就能不断提高你对事物的观察能力，你就会看出蛋与蛋之间细微的差别，你的手眼协调能力就会大大增强，最终你绘画时就能做到得心应手。"原来如此！达·芬奇茅塞顿开，就更加细心地画蛋，不断研究蛋的各种角度的形态，终成一代大师。

达·芬奇从小就对绘画感兴趣，在追求艺术的过程中，他也遇到过彷徨、迷惑、不解，但这些并没有阻碍他前进的脚步。达·芬奇在枯燥、乏味、机械的画蛋过程中发现了细微的差别，体会到了其中的乐趣，并且沉浸其中。

有些人会说："成功太难了。"成功哪能这么容易呢？成功是 99% 的汗水加 1% 的灵感。淌汗水是辛苦的，淌汗水的同时还不断遭遇失败的打击，那就是痛苦了。痛苦最能考察一个人的耐挫力和意志。耐挫力强而且意志十分坚定的人，就会从失败中找出差距，分析原因，最终超越自我，取得常人眼中不可思议的成功。

幸福与痛苦并辔而行。幸福是我们一辈子发自肺腑的希望。如果能在需要吃苦的日子当中把你一辈子能吃的苦都吃下去，

接着你就可以开始享受成功的果实。成功的人很会折腾，这些人在创新创业的过程中不断尝试失败，体味成功；成功之后又在新的领域尝试失败，然后再走向成功。每一次失败，都意味着向成功迈进了一步。

"成功"和"失败"宛如一对孪生姐妹。自从类人猿进化为人类的那一天起，它们就携手来到了世上。"成功"与"失败"的出现，是伴随历史发展的必然产物。人类社会就是在"成功"与"失败"之间得以发展。

拿破仑说过："伟人的一生势必不幸"。实践证明，每一个人都是失败与成功的结合体。在生活与工作中，漫长的人生之路，无论你怎样精心设计、安排，失败与挫折总是如影随形，伴随在你的身边。为什么？这是作为"人"这个特殊的社会存在和他自身所处大小环境所决定的。古今中外历史人物，哪一个人不是经历了风风雨雨，从失败到成功，直到走完自己的人生之路，留下辉煌的一页？

在人生中，一个人的经历与这个人对挫折的认识水平是息息相关的。一个人经历的事情多了，遇到困难的机会也多。在不断地克服困难的同时也丰富了自己的经验，最终锤炼了自己的意志品质，就能活出自己的精彩。

发奋图强，战胜挫折，享受成功的喜悦

“失败是成功之母，苦难乃人生财富。”这句话的意思就是引导人们认真总结失败原因，吸取教训，从中发现规律，采取科学的方法，变坏事为好事，一步一步走向成功。

“文王拘而演《周易》；孔子厄而著《春秋》；屈原放逐，乃赋《离骚》；左丘失明厥有《国语》；孙子膑足《兵法》修列；不违迁蜀世传《吕览》；韩非囚秦《说难》、《孤愤》……”大凡成功者，从来都不是一帆风顺的。这些成功者在痛苦面前选择了发愤图强，与逆境抗争，最终赢得幸运女神的眷顾。

马云说：“创业者要有吃苦20年的心理准备，他要想好未来的路怎么走，未来的路上有什么挫折。”1963年，马云出生在杭州。父母都是半文盲。马云18岁高考落榜，19岁高考再次落榜；20岁高考只有专科分数线，因为专业人数不满，被调剂进了英语专业本科。

大学毕业后，马云在1991年第一次创业时成立了海博翻译社，第一个月的收入是700元，而当时的房租是2400元，马云遭到很多人的讥讽。为了维持海博翻译社的正常运转，马云一个人冒着严寒酷暑，背着个大麻袋到义乌、广州去进货，翻译社开始卖礼品、鲜花，以最原始的资本积累方式来维持运转。

1995年马云创立中国黄页的时候，依旧困难重重。24个人开会，23人明确表示反对。马云最初成立了杭州海博电脑服务有限公司时，公司只有三个人：马云、马云夫人张瑛和何一兵。那个时候，他们只租了一个房间当办公室，只有一台电脑，一块钱、一块钱地数着花，受尽了别人的白眼和嘲讽。

他们注册的时候，中国还没有互联网公司。因此这家名为海博网络的是中国第一家商业运作的互联网公司。当时，马云把中国企业的资料集中起来，快递到美国，由设计者做好网页向全世界发布，利润则来自向企业收取的费用。

1999 年 3 月，在杭州创办阿里巴巴公司的时候，马云面临的艰难环境依然没有改善。为了节约费用，公司就安在了他的家里。他和他的创业伙伴们，没日没夜地工作，地上有一个睡袋，谁累了就钻进去睡一会儿。

当年马云因为外貌像外星人，求职 2 次均被拒绝。为了生活，马云只好蹬三轮车送杂志去了。

阿里巴巴曾经在北京干过一段时间的政府项目，最后失败。马云跑到长城，泪流满面，这是他创业第四次失败了。

“如果你要去创业，多花点时间思考别人为什么失败，不要去思考别人为什么成功。”“对所有创业者来说，永远告诉自己一句话：从创业的第一天起，你每天要面对的是困难和失败，而不是成功。我最困难的时候还没有到，但有一天一定会到。”马云这样提醒创新创业者。

无论有多困难，马云从来没有放弃自己的目标，所以才有了如今的成功。正如他对自己的总结：如果问我成功的原因是什么，我觉得是永不放弃，没有放弃。

苦难是你人生的导师

头悬梁、锥刺股的历史典故讲的是战国名士苏秦。苏秦是洛阳人，家里十分贫寒，却怀有雄心壮志。他跟随鬼谷子学习游说术多年后，看到自己的同学庞涓、孙膑等都相继下山求取功名，于是告别老师下山。苏秦在列国游历了好几年一事无成，食不果腹，衣不蔽体，只得狼狈地回到家里。他的哥哥、嫂子、弟弟、妹妹、妻子都讥笑他不务正业，只知道搬弄口舌。

苏秦听了这些嘲笑，心里再次受到沉重的打击，但他没有放弃一直想游说天下、谋取功名的梦想，于是请求妈妈变卖房产，然后再去周游列国。苏秦的母亲对他进行劝阻，哥嫂们更是嘲笑他死心不改。苏秦知道自己这么多年来很对不起家人，既惭愧，又伤心，不觉泪如雨下，坚持闭门不出，取出师父临下山时赠送给他的礼物——姜子牙的《阴符》，昼夜伏案攻读起来。

为了抓紧时间学习，苏秦读书时，把自己的头发用绳子扎起来，吊在梁上，这样自己一打盹，头发就会把自己揪醒。如果困了，就拿锥子刺自己的大腿，这样就能保持清醒。苏秦经常自勉说：“读书人已经决定走读书、求取功名这条路，如果不能凭所学知识获取高贵荣耀的地位，读得再多又有什么用呢！”想到这些，苏秦更加忘我地学习起来。后来苏秦终于取得了成功，当上燕、韩、赵、魏、齐、楚六个国家的相国，佩戴起六国国家相印，荣归故里。

没有谁喜欢苦难，人们对苦难往往弃之如履，持非议态度。所以没有做好应对的准备，一旦苦难降临，常常觉得大难临头，或悲观，或消沉，或从此一蹶不振，甚至一命归西，生命的大幕从此永远落下。

其实，人生的苦难和幸福是相伴而行的。老子说：“祸兮福之所倚，福兮祸之所伏。”祸是幸福的前提，而幸福里又包含着祸的因素。也就是说，幸福和灾祸是可以转化的，在一定的条件下，福会变成祸，祸也能变成福。老子说的这句名言，是很有道理的。

幸福来临时不要忘了自己当年的失败；灾难来临时要乐观，保持一种平和的心态。灾祸与幸福永远都是并存的。世界上没有绝对的好与坏，“塞翁失马，焉知非福也”，只看你是否能够正视，能否用马克思主义的辩证法来指导自己奋发图强。

苦难和机遇对于每一个人都是公平的，它们往往并肩而行。世界上没有永远绝对的苦难，也没有永远绝对的幸福。所以我们在顺境中一定要保持谦虚谨慎的人生态度，戒骄戒躁，要放低调，居安思危，保持艰苦奋斗的优良作风。我们

妻生子，而自己孤家寡人，囊中羞涩，觉得很没面子。

有一次，在工厂聚餐时，他和老板坐在了一起，话题间，他吐露了自己的烦恼，他希望老板能给他指点迷津。

老板告诉他："很多人也这样问过我同样的问题。他们那时和你现在一样没什么收入，而且觉得前途渺茫，不过，他们现在都在自己的工作岗位上做出了成绩。"

年轻人听了，很是激动，马上问："你是怎么跟他们说的？快告诉我！"

"我说，一切都会过去的。"

"这句话和致富有什么关系？"青年说，但他马上就想道：老板怎么会告诉别人他的致富经呢！

"你不相信？"老板看出了他的心思，笑了笑说："真的，一切都会过去的，虽然你觉得你什么也没有，但我确定，你也拥有一定的财富，你可以利用你拥有的财富先振作起来。如果你对未来充满了希望，你的日子就会一天天变好。到那时候，你不就与穷困告别了吗？"

"我可什么都没有啊，何谈财富二字？"

老板又微微一笑说"我出 10 万买你一只眼睛，行吗？"

"当然不行，没有眼睛可不行。"青年断然回答。

"那么我用 20 万买你一双手吧？"

"不行，一只手也不能买！"青年被老板的话惊住了。

"你看，你有多么丰厚的财富啊，那可不仅仅是几十万了。

你可以用一双眼睛去看；你可以用一双手去创造。我就是这么致富的。”老板微笑着说。

青年恍然大悟，他深深地点了点头，谢过老板之后，他重新抬起了头，挺起了胸。自己原来有这么多的财富，自己并不贫穷。老板的话“一切都会过去的”时刻指引着他。这句话鼓励他克服了重重的困难；这句话支撑了他排解了遭遇的苦痛。

一年之后，青年已经成为工厂的技术人员，他相信，只要不懈前行，所有的困境都会解除。

有很多人和这位青年一样，他们总是等待幸运之神的降临，如果认为幸运之神遗弃了自己，就总是一副怀才不遇、苦大仇深的样子。他们不知道，身处困境的原因是他们自己在逆境中画地为牢了。

珍惜自己已经拥有的，不让生命留下遗憾。

事情都会过去，正确地对待人生的苦乐，过去的就放下，傲然前行，实现人生的最大价值。

第三章

在磕磕绊绊中成长

在人从出生到死亡所经历的漫长的过程中，有得意时的欢欣，也有失败时的泪水；有顺利时的喜悦，又有受挫时的苦恼。人的一生不可能一帆风顺，逆境时，不要埋怨，静静地接受挑战，然后创造条件改变它；得意时，也不要忘乎所以，安于享乐，而是需要时刻准备向更高的起点迈进。跌倒了，爬起来，再跌倒，再爬起，人就是这样在一次次的摔打中成长。付出总会有回报，我们要尽情地挥洒青春，谱写自己绚丽的人生乐章。

○

知识改变命运

知识就是力量，知识改变命运。时代在进步，知识始终都是支撑时代发展的重要动力。在现在这个知识为主导的经济时代，谁拥有了知识和才华，谁就掌握了自己的命运。对个人而言，要想自己取得快速地进步，唯一的捷径就是学习知识，再把知识转化成能力。

拿破仑说：“真正的征服，唯一不使人遗憾的征服，就是对无知的征服。”知识是多么的重要，拿破仑在征服无知，获得知识后振兴了法兰西，他用自身的实例诠释了获得知识就能主宰命运的道理。

没有知识就不能做到与社会同步发展，就很难立足于社会，无论什么年代，人生最重要的一项就是学习。只有学到了生存

的技能，然后充分地发挥出自己的才华，你就会得到立足社会的资格。

在皮革制造业有一家实力雄厚的皮革制造公司，这个公司的总经理叫李云龙。但是，这个总经理只有初中文化，也许你会有疑问，这个例子是不是证明了知识无用呢？不是，看了他是怎么成为总经理的，你就会明白了。李云龙出生于一个并不富裕的家庭，他在初中毕业后就走上了打工之路。他工作的一家皮革厂因为刚刚起步，工人们都缺少技术和经验，工作中遇到了皮革容易变硬、破损等问题，返工是经常的事，这些问题的出现严重地影响了工作效率，怎么办呢？李云龙被这些问题困扰，晚上躺在床上越想越睡不着。

第二天下班后，他就直奔书店，《皮革加工 1000 问》一书让他爱不释手。晚上，他开始伏案读起来，他发现他们遇到的所有问题的答案几乎都在书中，书中还有详细的分析、说明。他越看越舍不得放手，一直看到了大天亮。上班了，他用书中的知识解决了一个又一个的难题，他边做边讲解，那一套套的理论让工友们对他连竖大拇指。几天后，他就成了厂里的技术人员。

后来，他作为技术人员被厂长拉去接待客户。这件事让他又开始钻研起社交礼仪、演讲口才、顾客心理、营销策略等方面的知识，一个月后，他就能从容地接见客户了，是知识给了他能力和自信，他步入了营销行列。在半年内，他就签下了 几百万的订单，业绩居公司首位。就这样，知识伴随着李云龙一步步的成长，最后他成了公司的一把手。

学海无涯，学无止境，学习有助于提升你的能力。在当下科学技术突飞猛进，只有不停地学习，你才能跟上时代的步伐，只有不断地进取，你才能超越自己，成为时代的开拓者。

我能行，我相信我自己

美国现代成人教育之父——卡耐基，从一个农民的孩子，最后成为享誉世界的顶级教育家。《卡耐基传：一个改变千万人命运的人》一书讲述了他的生命历程，他改变了自己，也改变了世界，他被称为对世界最具影响力的人物，他的成功经历演绎出了保持一颗自信心的重要意义：自信是成功的第一秘诀。

一个人只有挖掘出潜藏在身上的自信，而且时刻保持自信心，就有可能踏上成功之路。拥有自信的人一开始也许成绩并不突出，表现也并不优秀，甚至没有什么特长，可是只要相信自己能行，就会产生行动的动力，就有可能创造出出人意料的奇迹。

一个孤儿流落街头，饱尝生活的苦难，这天，他向一位智者请教怎样才能过上幸福的生活。智者指着路旁的一块很丑的石头说："你明天拿着它到集市上，你就把它放在你前面，但是，不管谁给多少钱，都不要卖。"孩子听了智者的话，第二天去了集市，开始时，没有一个人注意他，第二天还是没人看

他和他前面的丑石，第三天，小孩儿又坐在了那里，跟前还是摆放着那块石头，有人过来出价买石头了，第四天，孩子的石头的价格比前天提高了一倍，前来询问的人多了起来，价格越来越高。

智者告诉孤儿："你带着这块石头到石器市场去吧，记住，不管多少钱都不要卖。"结果和在集市上一样，前两天无人问津，第三天的时候，就有人出价了。这时，石头的价格已经高出了在集市时价格的一百倍，第四天，前来询问的人更多了，价格也是成倍成倍地上升，甚至超出了石器的价格。

智者告诉孤儿："你可以把石头拿到珠宝市场去了。"就这样，最后，人们给出的石头的价格和珠宝一样了。

这个故事告诉我们自信是多么的重要，自信的力量是强大的，它能帮助我们创造出奇迹。如果你认定自己就是一块没有任何价值的丑石，你就永远是一块丑石；如果你肯定自己是一块璞玉，那么你就有可能成为一块玉石。生活中也是这样，如果你相信自己事业会有什么样的成就，你就有可能获得什么样的成功；如果认为自己这也不行，那也不行，你就什么也不行，因为没有自信，你就不可能有所成就。

马拉松比赛结束了，人们问第一个冲过终点的人："你获得冠军，采用了什么技巧？"人们得到的回答是："跑的时候，我想的只是我能够夺冠，我就一路跑下去，就这样冲过了终点。"

每个人身上都潜藏着能力，一般人不知道自己潜藏着多大的能力，一旦人的潜能被激发出来，就会取得令人惊叹的成绩。激发潜能的方式就是：相信自己，我能行。

不能糊涂和难得糊涂

在工作上可不能糊涂，刚入职场的年轻人就更不能犯糊涂的毛病，你一定要养成对工作认真细心的习惯。

谁都想给人留下一个好的印象。工作中给别人的第一印象是非常重要的，如果你开始工作时，在同事和领导眼中留下做事认真负责、踏实肯干的印象，这对你以后的发展会起到决定性的作用。如果你初涉职场，领导和同事看你不能安心做事，办事拖拉，就算你学历再高，能力再大，领导敢重用你吗？如果你领导看到你做事细心，就会觉得你有良好的培养前景，就会给你学习锻炼的机会，也会交给你一些重要的工作，你就会更快地成长起来，成为老板靠得住的骨干，加薪或晋升的机会就自然会落在你的头上。

对待工作任务丝毫不能马虎，糊涂不得，但在为人处世上有时可不能较真。

一个公司主管的工作经历也许会给你启发，他说起来就觉得那时的自己非常好笑。他是这样描述当年的自己："刚到公司时，我对什么事都很敏感，我不能接受任何一点委屈，领导批评几句，我就受不了，我会偷偷地哭好几次；同事打扫卫生

不小心弄乱了我的东西，我会以为他是故意的，对人家不依不饶；其他同事一块儿出去没叫上我，我心里就会胡思乱想……渐渐地，我发现这样做的结果是不但自己身心受伤，还影响工作，不利于和同事的团结，于是我决定对自己粗心一点儿，对他人糊涂一点儿。”

“受到委屈时，我会努力克制，然后调整心态，面对大事儿小事儿做到波澜不惊，领导和同事都惊异于我的变化。有一次，我把自己想到的一个有利于公司发展的方案与一个同事进行讨论，说着无意，听者有心，那个同事稍加改动做成了一份漂亮的发展方案，领导对这个方案很赞赏，同事又是加薪，又是晋升。对此，我什么都没说，我想的是努力做一个更完善的发展方案。后来，同事盗用我的方案一事被领导知道了，领导对我有了新的认识，不久，公司人事调整，

我被提拔做了经理。”

这个故事告诉初涉职场的年轻人，对待工作一定要用心、认真，对待名利还要学点儿糊涂。

别让陈规束缚自己的手脚

创新是一个民族进步的灵魂，是一个国家兴旺发达的不竭动力。创新是人类最珍贵的财富，当今我国发展的战略核心就是：提高自主创新能力，建设创新型国家。经验虽然是一位教师，但不要因学习别人，而让自己画地为牢，限制了自己的创造力。

世界上最伟大的科学家之一——牛顿，对科学做出了巨大的贡献，他发现了万有引力、力学三定律、光学环、微积分等等，但是在他晚年的时候，他被困在了亚里士多德的柏拉图学说里，他研究上帝的存在就用了十年，违背科学的研究当然会以失败而结束。一个伟大的学者白白地浪费了十年。

普朗克是一位很著名的教授，有一天，他和儿子来到自家的花园散步，他很沮丧地对儿子说；“今天我有个发现，不过我也因此很难过，我的发现和牛顿的发现一样重要，但是我的这个量子力学的假设和牛顿的完美理论有些冲突。”普朗克最后取消了自己的量子力学的假设，科学界就因为他的这一虔诚的信奉权威，致使物理学理论几十年没有前行。

后来，爱因斯坦大胆地冲破了人们迷信的权威圣圈，把普朗克的假设扩大为光量子理论。随后又打破了牛顿的绝对时间和空间理论，创立了举世闻名的相对论。

人类在不断地创新中发展，一切最初的发明创造离不开敢于尝试创新。只有不断地创新，才会有更灿烂的明天。

有个小男孩儿很喜欢画画儿，他会画很多东西，一天，上美术课，小男孩儿高高兴兴地拿出纸笔画起来，老师阻止了他。老师说："等等，我还没让开始呢。"老师等着全班同学都专心地看着她时，才又说："今天，我们来学画花儿。"

男孩儿更高兴了，他喜欢画花儿，于是他就开始用彩笔画自己的花朵。这时，老师又让学生停下来听她讲："我要教你们怎么画。"

老师在黑板上画了一朵红色的花儿，又给花儿画上了绿色的茎叶，老师让学生照着画。

小男孩儿比较黑板上的花儿和自己画的花儿，觉得还是自己的好看，但他没有说，在纸上按照老师的画起来。

小男孩儿很快就学会了等着，看着，模仿着，做老师让做的事。他不再按照自己的喜好创造自己的东西了。

男孩儿家搬家了，他转到了另一所学校。第一天上课，该上美术课了，老师说："这节课，我们画画儿。"

男孩儿很高兴，他端端正正地坐在座位上等老师教怎么画，可老师已经走下讲台，在教室里巡视起来。

老师走到男孩儿身边，很诧异地问："你不喜欢画画儿吗？"

"我很喜欢！你让我们画什么？"

"你自由发挥，喜欢什么就画什么。"

"那我该怎么画啊？"

"你想怎么画就怎么画。"

"可以自己选颜色吗？"

老师点了点头。小男孩儿开始用各种颜色画出了自己喜欢的画儿。小男孩儿喜欢这所学校。

同一个孩子，在不同老师的引导下，得到了不同的教育结果，一个禁锢了孩子的创新发展，一个给了孩子自由发展的空间，不同的教育得到了不同的结果。

墨守成规，因循守旧让人停滞不前，敢于突破，勇于创新才能创造出新生活。

钢铁意志铸就完美人生

有人说，人生是一次艰难的长途旅行，旅途中不可避免地会有悬崖峭壁、深谷险壑，而危险就像路途上的绝壁和深渊；也有人说人生就像一艘在大海中航行的帆船，暗礁、险滩、狂风、恶浪不可避免地要遇到，而危险则如藏在水中的礁石、暴风中的浪潮。危险如猛兽咆哮而至，如浪潮翻卷而来的时候，

慌乱、胆怯只会使危难更加严重。我们要做的是冷静、无畏、挺住，只要抵挡住它第一个回合的攻击，你就不会畏惧它第二次的进攻，因为你更加自信，反而它的进攻会越来越弱，就如一只泄了气的皮球，最后退去了，你却胜利了，这种通过奋力拼搏获得的胜利，将鼓舞你战胜一次次的危难，受益终生。

放学了，学生们高高兴兴地往家赶，一个男孩儿可能跑得急了点儿，他摔倒了，然后站起来，看到腿上只擦破了一点儿皮儿，也没感到怎么疼。就若无其事地回家了，晚上躺在床上，它感到了腿的疼痛，他觉得没什么事儿，忍受着疼痛，他认为这点小事儿没必要告诉家人。第二天早晨，他的腿越来越疼，但他还能忍受，他像往常一样按时起床，吃完早饭，然后没事儿似的去上学了。

第三天醒来，他的腿疼得连路都走不了了，妈妈终于知道了，但这时他的腿已经肿得没有办法脱下脚上的靴子和袜子。妈妈伤心极了，她哭着埋怨儿子为什么不早点儿告诉她，妈妈用剪刀把靴子和袜子从他的脚上剪了下来。医生来了，看见孩子受伤的腿，连连摇头，叹息地说道："怎么成这样了，晚了，没法治了，这条腿是保不住了。"男孩一听，大声喊起来："不！不能锯掉我的腿，要锯除非我死了！"

医生拿他没办法，只好离开了。男孩意识到了问题的严重，他忍着剧痛，对哥哥说："不管今后发生什么情况，就算我失去意识，也不要锯掉我的腿。你要对我发誓！"哥哥含泪答应了。男孩儿开始发烧了，体温越来越高，他开始说起胡话。他怕自己因为受不了疼痛喊叫起来，就让哥哥拿来一把叉子放到嘴里咬着，但丝毫没有露出退让的意思。家人守在他身边，眼睁睁地看着他顽强地与病痛斗争。

医生来过好多次，又无奈地走了好多次，最后医生实在忍不住了，他大声地怒斥大家：“你们这样做，是在看他死！”然后愤然离去。但是，不可思议的事情发生了，第二天医生再来时，他看到那条腿的肿胀减轻了。二十多天后，男孩儿站了起来，他战胜了病魔。这位男孩儿后来成了美国总统，他叫德怀特·艾森豪威尔。

没有在危难面前的镇静和面对危难顽强抗争的品质，怎能担当得起兴国安邦的重任?

小艾森豪威尔在病痛的折磨和死神的威胁面前，凭借着自己的勇敢意志度过了危难。也正是这种坚毅不屈的性格使他笑

对人生，最终获得了人生的最大成功。

漫漫人生路，不会总是一帆风顺，当危难来临时，是顽强不屈、奋起抗争，还是束手待毙、临阵脱逃。不同的人生态度，会得到不同的结局。我赞扬有钢铁意志般的勇士。

不懈努力，在学习中升华

俗话说："活到老，学到了。"古人说："书山有路勤为径，学海无涯苦作舟。"知识的积累是一个漫长的过程，学无止境，在学海中不懈地前行，理想的彼岸就会越来越近。

一个默默无闻的小木匠，一个大学生，一个英语老师，一个研究生，一个博士生，一个剑桥大学的教授，在人们的意识当中，很难把他们联系起来，他们应该是互不相干的，如果说这是一个人的经历，相信的人会没有几个，但这确实发生了。

袁博平，1954 年出生于山东青岛， 1988 年赴英留学，1993 年获英国爱丁堡大学博士学位，同年成为剑桥大学丘吉尔学院院士、学术督导，他是剑桥大学第一位来自中国大陆的院士，并获剑桥大学终身教师资格，2010 年被学校评为"鲁大杰出校友"。

袁博平的经历可谓是一个传奇，他从青岛起步，走出了一条曲折而辉煌的道路。

袁博平初中毕业后，正赶上我国“文化大革命”，学习被迫中断，他做了一名木工。他回忆自己做木工时的经历说：“我现在还清楚地记得，我的工作是在更衣室门上钉钉子。那时，我的衣兜儿里总会揣一本英语书，干活儿累了，就拿出书来读。”也正是因为他的这种韧性、执着和积累，为他后来顺利通过1978年恢复后的高考，成为烟台师范学院英语专业的大学生做了厚重的铺垫。

上大学后，他更是珍惜这难得的学习机会，他进入了一种近乎疯狂的学习状态：早上五六点起床，跑完操，就在院子里朗诵，背课文，学发音，每天晚上袁博平和同学们舍不得离开教室，学校被迫用拉闸的办法促使他们回宿舍休息，但是，袁博平在宿舍还会拿着手电学到很晚。大学毕业后的袁博平成了一名英语教师，对知识的渴求让他向着更高的学府奋进，1986年，他被上海交通大学英语专业录取为研究生。

也许是幸运之神选中了袁博平，但这更离不开他自身锲而不舍地对知识的渴求。1988年，凭借着扎实的学习功底和良好的学习研究态度，袁博平不仅获得了全额奖学金，还被保送去英国爱丁堡大学攻读博士学位。1993年6月，他取得博士学位后，英国剑桥大学聘请他为该校东方研究院的讲师，他是中国大陆第一位到剑桥大学任教的院士。

在学习的过程中不只是学习基础知识，对认知、人生也要有体悟和进步，要取得成就必须努力，磨炼其实也是一种财富。

一分耕耘一分收获，要想自己在成功的道路上走得更远，就努力吧！

不怕一千次的失败，只要有一次成功

在犹太圣典中有这样一句话：“失败绝不会是致命的，除非你认输。”我们都知道伟大的发明家在发明电灯的过程中经历了数千次的失败，才确定用钨丝做灯丝，此后才有了我们灯火辉煌的夜晚。假设爱迪生因失败而灰心，停止了实验，也许夜晚我们还在黑暗中度过呢！法国作家小仲马的创作之路也是波澜起伏，他一次次地往报社投稿，都被退了回来，但他没有因失败放下笔，经过不懈的努力，著名的《茶花女》问世了。如果他在退稿面前妥协了，世界上就少了一位文学巨匠吧！失败是通往成功的铺路石，只有正确的面对失败，才会有未来的成功。

炼乳是一种牛奶制品，是一种用鲜牛奶或羊奶经过消毒制成的饮料，因为其储藏的时间比鲜奶要长，而受到欢迎。葛尔·波顿第一个用减压蒸馏的方法制成了炼乳。该亚·博通经过两年反复的试验，制成了一种新产品。博通发明的炼乳是利用真空将牛奶中的一大部分水分在低温中抽出去，这样做出的炼乳纯净、新鲜、保质期长。他决定把自己的产品推向市场。博通为自己产品的制造方法申请专利权时，遇到了麻烦，专利局的工作人员说他的产品缺乏新意，在专利局的存档中早已批准的“脱水乳”已经有十几种，专利局没有通过他的申请。自己两年的心血不能就这么完了，博通不甘心，他第二次提出申请，申请又没通过，这次是专利官员认为博通的“真空脱水”在制作炼乳时是没有必要的过程，但也肯定了博通制作产品的方法。博通提出了第三次申请，还是被驳回了，因为博通没有阐明自己制作方法的目的和其他制作方式的区别。

一次次申请，一次次被退回，博通没有放弃，他坚信他的创新与众不同。终于，他的第四次申请通过了。

他的新产品推销也不顺利。虽然博通选取了一位社区说话很有分量的领袖做他的第一位顾客，通过品尝，这位社区领袖对博通的产品也大加赞赏。但是，当地的顾客还是喜欢用自己习惯的方法食用牛奶。博通的产品市场没能打开，最后，他的第一家炼乳厂不得不关门。

该亚·博通不肯放弃，他日思夜想自己失败的原因，他不相信自己的产品没有销路，他借钱建了一座新的厂房，这次，他成功了。他的公司最后发展为美国具有领导地位的炼乳公司，为现代牛奶工业的生产奠定了基础。

博通去世后，他让后人在他的墓碑上刻了这么一句话：“我尝试过，但失败了。我一再尝试，终于成功。”这是他对自己一生的总结，这句话激励着每个渴望成功的人。

第四章

突破自我，创造奇迹

人性的多样性，导致了生活的多样化。我们常说，命运掌握在自己手中，此话不假。我们用怎样的思想，去指导自己的行动，就会走过怎样的人生。既然明白这一点，我们应该怎样度过自己的一生，是否应该认真思考呢？人的性格是千差万别的，或胆大，或懦弱，或自立，或依赖，或随波逐流，或鹤立鸡群……路，就在脚下。让我们站在先人的肩膀上，发挥自己的聪明智慧，创造出令人佩服的奇迹吧！

大胆尝试，虽败犹胜

一般人遇到棘手的问题时，往往会想象出各种各样的困难，无形中给自己施加了很大的压力，从此望而却步。而事实上，孤注一掷，下决心挑战困难时，你便会发现，实际情况反倒比自己想象得简单得多。

宋太祖赵匡胤专横跋扈，对南唐欺辱压迫，南唐臣民恨之入骨。镇海节度使林仁肇智勇双全。他得知赵匡胤在荆南制造了几千艘战舰，立即奏明李后主，赵匡胤此举意欲对江南图谋不轨。有些爱国志士闻听此事之后，也纷纷向李后主请愿，为了南唐的安危，表示愿意秘密前往荆南捣毁赵匡胤的战舰，破坏宋朝入侵的阴谋诡计。无奈李后主畏惧宋朝的势力，优柔寡断，以至于错失抵御宋朝入侵的良机。

由于李后主昏庸无能，南唐最终国破家亡，李后主沦为宋朝阶下囚。其妻周后下场更是凄惨，沦为宋皇的玩偶。每次侍奉宋皇回来后则闭门不出，痛不欲生。李后主明知妻子受辱也不敢过问，更无力抗争，无奈借诗词来排遣内心的痛苦。最后李后主再也承受不住内心的痛苦，饮毒含恨了却一生。

李后主的故事告诉我们，怯懦的确是一个人致命的弱点。如果李后主稍有勇气，也不至于落此不堪的下场。真是令人扼腕，哀其不幸，怒其不争。

面对邪恶势力不努力抗争，不努力地想方设法去保护自己和他人，一再逆来顺受，无疑给了侵略者可乘之机。在恶势力面前，怯懦者往往放弃自尊，用屈辱来换取一时的安宁。殊不知恶势力并不会因此心慈手软，而是变本加厉。

现实生活中做事也是如此，如果胆小怕事，不敢尝试高难度的事情，那他终将不会成功。经验告诉我们，很多时候，成功与否并不完全取决于智商的高低，也不在于实力是否雄厚，而是取决于面对“困难”的胆量和勇气。

我们谈“鬼”色变，可谁又曾目睹过“鬼”呢？其实“鬼”只不过来自我们胆怯的内心而已。同样的道理，世上本无事，庸人自扰之。事情的本身并没有什么可怕的，阻挡我们前行的是我们自己“怯懦的心理”。

基于此，我们就应该锻炼自己，面对困难要勇敢大胆、果断。一旦突破了自己的心理障碍，你也许会创造出惊人的奇迹。

善于改变，适者生存

有人用青蛙做过这样一个实验：将一只鲜活的青蛙猛地扔进沸水中，青蛙接触到水的一刹那就迅速地跳了出来；如果将青蛙放入冷水中，再慢慢地加温，青蛙则舒展四肢，慢慢地享受温水浴，随着水温的升高，青蛙却再也跳不出来了。

这个实验结果告诉我们的是：随着客观世界的不断改变，我们每个人也应该随着改变，如果一味地安于现状，则会导致像青蛙一样的后果。

刚刚步入社会的热血青年，自诩个性很强，不愿“随波逐流”，最后到处碰壁，直至碰得头破血流，方才醒悟。要想融入社会，融入不同的环境当中，就要不断地改变自己。举一个简单的例子：如果你进入一家较规范的公司，首先着装要改变，处理人际关系的方法也要改变，等等。往往这种改变是被动的。当然，你更有必要主动地去改变，来适应一个全新的生存环境。一个人只有学会了不断改变自己，适应新的客观环境，才能得到不断提升，才能在变革中生存，才能达到成就事业的顶峰。

显然，改变是为了重新开始，重新开始是为了更好地得到。要时刻树立危机意识，随时做好改变自己的心理准备。

有两个人去森林里游玩儿，突然冒出一只老虎。其中一人惊慌失措，相信必然逃脱不了虎口。这时他看见伙伴正在很快地系

鞋带。不解地问他要干什么。伙伴回答道："我想比你跑得快！"

不难看出，树立危险意识，做好充分的心理准备，是改变的前提条件。条件具备了，才会为正确的改变助力，保证始终跑在别人的前面。

我们要不断地寻找适合自己的位置，要善于改变，在改变中求生存，在改变中得到更好的发展。

能够自救，决不他求

依赖是一种坏习惯，是阻碍一个人自立自强的绊脚石。一般依赖别人的原因有二：一是缺乏自信。总是低估自己的能力，无法独自面对任何困难。明明有些事情自己能处理好，但总是瞻前顾后，总担心自己做得不尽人意，畏畏缩缩，最后只得寻求帮助。二是惰性十足。做事总想走捷径，一步到位，不想付出任何辛勤劳动，只想天上掉馅饼的美事儿。在这种状态下，一遇到困难便绕道走，把困难丢给别人去解决。

有这样一个故事：一个女人遇到了难事儿，不知道该怎样解决，便去庙里求菩萨帮忙。正当她跪拜菩萨时，突然发现旁边也跪着一个人，仔细一看，正是菩萨本人。她被菩萨这一举动弄糊涂了，惊讶地问道："菩萨，您这是做什么呀？"

菩萨严肃地说："我这是在求自己呀！"

女施主恍然大悟。

故事虽短，却告诉我们一个大道理："求谁都不如求自己！"

一般人都有依赖他人的心理。实际上，只要不怕苦，克服自己的惰性，凭着自己的能力也能很好地把问题解决掉。这样也可以积累经验，以后再遇到类似的问题就不再感到棘手。逢事都要求人，则永远都不会长进。

因为每个人的能力和阅历不同，所以并不是说任何事绝对不可以寻求帮助，但要讲究一个度。在事业的起步阶段，寻求他人的帮助，汲取他人的经验教训，学习他人为人处世的方法，是非常必要的。但当你积累了一定的经验之后，就应该学会独立解决问题了。这时就应该发挥自己的才能和智慧，树立远大的报复和强大的自信心，在遇到问题和困难时，就要勇敢地去面对，而不是首先寻求他人的帮助。

有些时候，我们是不可能得到他人帮助的。当你跑在马拉松比赛途中时，当你孑然一身在了无边际的沙漠中迷了路时，你还会想寻求他人的帮助吗？答案是否定的。在这危机

时刻，只能靠自己，给自己力量，才能化险为夷，绝地逢生。现实生活中也有类似的“荒漠”和“马拉松”，越是在这个时候，越应该相信自己的力量，越要靠自己，走出困境，重见光明。

其实，当你信心百倍地去做某事时，往往能激发起身上的潜能，做出超越自己想象的成绩来。而那些没有自信的人，根本想不到发掘自己身上的潜能，更没有机会发挥自身的潜能，只靠求助他人浑浑噩噩度日，永远品尝不到成功的喜悦。

每个人都拥有属于自己的宝藏，这就是你的潜能，只要你能把自己的“宝藏”挖掘出来，靠自己去努力拼搏，就可以使自己的理想变成现实。

审时度势，不要臆断

对待某些事情，我们往往要凭借已有的经验，不能做到具体事物具体分析，主观臆断，这样很容易造成对事物的错误认识，因此错误地判断事物的发展方向，造成不可挽回的结局。

有一位留法学生，由于家庭条件突然变故，父母再也没有能力供他继续完成学业。失去了经济来源的他，不得不从独居公寓里搬到七八个人合租的宿舍里，并跟其他舍友一样，走向了打零工挣钱维持学业的道路。

为了尽快地找到工作，他翻开了以前不屑光顾的报纸广告页。突然，一则刊登在角落里的广告引起了他的注意：“麦华别墅，只售一法郎。”

当他把这一广告读给室友们听时，都笑他幼稚，竟然相信这样的垃圾广告。天下哪有这等好事？这岂不是天上掉馅饼吗？好心的室友警告他：“你可千万不能相信这样的广告，这也许是个陷阱！”

这位留法学生虽然也不大相信这则广告，但他还是抱着试一试的态度，找到了那个刊登广告的人。刊登广告的是一位衣着华贵的中年妇女。问明来意之后，她告诉留学生，她想卖的就是眼前这所房子。

留学生简直不敢相信：这里是巴黎近郊最著名的别墅区，富人云集，地价之昂贵可谓寸土寸金；再看身边的这幢别墅，设计高贵精妙，装潢富丽豪华。如果真的要出售，价格应该是天文数字，他可是无论如何也拿不出那样一笔钱的。

“太太，能先看看房子的有关手续吗？”留学生不知道该怎么说才好，就装模作样地随便问了一句。

贵妇人看了看他，然后打了一个电话。然后自己转身上楼去了。不一会儿，拿来一个文件袋交给留学生。

打开文件袋的一刹那，留学生瞪大了眼睛。他不能辨别房契的真假，也读不懂那些晦涩的条文。这时，一位非常斯文，夹着公文包的男士徐徐走来。他跟贵妇人交头接耳之后，对留学生很有礼貌地说：“先生，您好，如果您对房契没有异议的话，现在我可以为您办理过户手续了吗？”

“您是说1法郎……这栋房子……”留学生觉得像做梦一样，惊得断断续续地问。“是的，先生，如果可能的话，请您交现款。”律师一本正经地回答。

从别墅出来，留学生径直去了法院，去求证文件的真伪。三天之后，他带上文件到豪华别墅办理移交手续。当他接过一串串钥匙时，仍然不相信这一切是真的。他实在控制不住内心的疑问，便叫住正要离开的房东：“太太，您能告诉我这到底是怎么回事儿吗？”

贵妇人长长出了一口气，愤愤地说：“告诉你也无妨。这是我丈夫的遗产。除了这栋别墅，他把所有的遗产都留给我了。他在遗嘱里写得很清楚，让我把这栋别墅卖了之后所有的钱都交给一个我从不认识的女人。几天前我见过那个女人我才知道，原来她是我丈夫的情妇，竟然在我眼皮底下纠缠我丈夫12年之久。我实在气不过，才做出这样一个决定。我遵循我丈夫的遗嘱，但我绝不能便宜了她。”

这个故事虽然偏颇，但也让我们懂得了一个道理：做事主观臆断，往往会错失良机。

换个角度，迎刃而解

有一个年轻人，能用双手倒立行走，有时双腿靠着墙倒立，从双臂之间看来来往往的行人。

大家对他的这一举动疑惑不解。一次，他又倒立墙边，一个人忍不住过来问他喜欢这样做的原因，他不假思索地回答："我只是想换个角度看世界。有时候面对面地看眼前的人和事，觉得平淡无奇，但当我每次倒立再去看这些人和事时，我会觉得很有趣，并没有那么令人讨厌了。"

是的，现实生活中，当我们陷入麻烦之中而又不能自拔时，如果我们能换一个角度，换一种方法去看同一个问题，或许会

得出截然不同的结论，从而轻而易举地将问题解决掉。

生活中，我们都会遇到一些麻烦事儿。与名牌大学失之交臂，与好朋友闹矛盾，被领导批评，等等，每当这时候，很多人会想不开，陷入烦恼痛苦之中。其实，凡事都有两面性，事情的好坏不取决于事情本身，而取决于你观察事情的角度和态度。如果你换个角度和心境去对待，那么你会觉得事情并没有那么糟，也许还会从中得到收益。

有一个年轻人，出身贫寒，他想摆脱贫穷，于是便向智者请教。智者看了看衣着寒酸的年轻人，问他为何事而来。年轻人面露难色："我总是这么穷，我想向您请教致富的方法。"智者又问："你还这么年轻，怎么能说自己贫穷呢？"

"年轻怎么了？年轻又不能当钱花！"年轻人有些不耐烦。智者笑道："那如果有人给你一万元钱，来换取你的一只眼，你愿意吗？"年轻人不假思索："肯定不换！"智者追问："如果有人用一座金山来换取你的性命，你答不答应？"年轻人急了："命都没了，还要那么多金子有什么用！"

智者哈哈大笑："这就对喽！你这么年轻，精力正旺盛，这就意味着你拥有世界上最宝贵的财富，怎能说自己一无所有呢？"

经过智者的点拨，年轻人重新找回了生活的信心和勇气。

对同一件事情，不同的人为什么会有截然不同的看法呢？很明显，这完全取决于一个人看问题的方法和角度。如果你总是被负面情绪所左右，那么你永远看不到事情积极的一面，甚至把极其微小的困难无限地放大，从而制约自己的行动。长此以往，很难达到理想的境地。如果你既能看到消极因素，又能看到积极的成分存在，那么很可能激起你的斗志，努力地寻找解决问题的办法，也许你将顺利地完成任务，从而实现自己美好的夙愿。

初出校园的年轻人，热情高涨，但因缺乏社会经验而到处碰壁。越是这个时候，切不可意气用事，钻进牛角尖里而不能自拔。应该换个角度看问题，换种思维思考问题，这样才能使自己走向成熟，适应社会。

遇到困难，幽默解决

林语堂老先生说过这样一句话："对于一个民族而言，幽默是非常重要的元素。"在他看来，德皇威廉二世之所以失去了帝国，就是因为缺乏幽默感。他总是绷着脸，令人畏惧。富兰克林、林肯、罗斯福、丘吉尔等，幽默感十足，因此倍受人敬仰和爱戴。

幽默对于我们普通人而言，也是不可或缺的。在日常生活和工作中，幽默往往会使一些原本很棘手的问题迎刃而解，或者使你顺利地摆脱尴尬的处境。

有一位绅士找到林肯，表示要与林肯决一胜负。林肯沉

思片刻，说：“决斗可以，但是时间、地点和武器必须由我来选。”那位绅士欣然答应了林肯的要求。林肯即刻宣布：“就在这儿，现在就决斗，你我相距五尺远，用牛粪做武器。”那位绅士微微一愣，然后开怀大笑，二人握手言和，结束了这场特殊的决斗。这不得不归功于林肯的幽默。

幽默的魔力如此之大，能化干戈为玉帛。但是有些时候，为了缓解紧张的气氛，适当的幽默确确实实能达到令人满意的效果。

幽默不仅能缓解紧张的气氛，还能使人保持乐观的心态。即使你跌入低谷，幽默地自嘲一下，你也会从消极沉闷中解脱出来，另辟蹊径，开辟新的生活。

有一次，社会学家特朗·赫伯去看望一位卧病在床三年的朋友。谈话间赫伯问朋友：“每天吃得好吗？”“难道我会饿着不成？我每天都要用勺子来吃好多药。”于是，朋友给赫伯蛮有兴致地讲起了三年来发生在病房里有趣的故事。他讲得绘声绘色，使在座的各位都忍不住笑了。

后来，赫伯经医生介绍才知道，他的朋友刚入院时，心情坏到了极点。连医生们都认为他时日不多了。没想到，三年后的今天，他都要痊愈出院了，真是一个奇迹。这其中赫伯朋友的那些幽默开心的笑话功不可没。

赫伯的朋友出院时，病友们依依不舍：“你走后，我们都没法活下去了！”朋友风趣地说：“不会的，倘若你们都死了，医生咋活呀？他们向谁去要医疗费呢？”病友们都被他逗乐了，心情也好了许多。

由此可见，无论是在生活还是工作中，适时的幽默起着非常重要的作用，它不仅使人拥有乐观的心态，关键时刻更是救命的稻草，使你在纷繁复杂的社会交往中轻松自如，始终不被糗事羁绊。

适应环境，发挥能力

外部环境，是客观存在的。你纵有天大的本领，也难以一己之力去改变它。既然我们改变不了周围的环境，那只能改变自己。实践证明，通过改变自己去适应环境远比改变环境来适应自己容易得多。

一位牧师忙着准备布道稿子的时候，他的小儿子却在一边不停地吵闹。牧师想让他安静下来，便拿起一本旧杂志，把里面的一副世界地图撕成碎片，并散落在地上，对小儿子说道：“约翰，如果你能帮我把这张地图拼起来，我立马给你2角5分的报酬。”

牧师本以为这样会使小约翰花费一上午的时间，可没想到不过10分钟，约翰就来敲他的房门要报酬。牧师看了看儿子手中的地图，果然拼得十分完好，牧师感到非常意外：“你

这熊孩子，你怎么会在这么短的时间内就把图拼好了呢？”小约翰答道：“这还不容易吗？你看，地图的背面是一个人的照片，我想，如果这个人的照片拼对了，那么这个地图也就拼对了。我这样做了，然后把地图反过来，果然拼对了。”

听完儿子的方法，牧师欣慰地笑了。于是他如数给了儿子钱，并说道：“谢谢你，儿子，你替我准备了明天要讲得题目——如果一个人是正确的，那么他的世界也将会是正确的。”

无独有偶。秦朝丞相李斯年轻时，在上蔡小城做一名粮官。妻子贤惠，儿女聪颖，有房有田，工作稳定，小日子过得很滋润。然而，在我们看来一件极小不过的事儿却改变了他的人生。

人们常说不管家境怎样都能成才，是金子在哪儿都会发光，是英雄不问出处……但是一个人的周围环境也的的确确对他的发展起着举足轻重的作用。有人会问，为什么许多英雄从小生活的环境很差，却能取得举世瞩目的成就呢？答案很简单，那就是这些英雄善于变换自己所处的环境。

如果刘备不去战场，也许他会一直卖草鞋；如果不参加红巾军，朱元璋也许只能当一天和尚撞一天钟；孙中山如果子承父业，那他也许终生是农民；乔治·华盛顿也只能做他的土地测量员；林肯也只是一个到处谋职的打工仔……

一般而言，外界大环境的形势决定着周围小环境的气氛，周围环境的潜移默化又影响着一个人的志向，一个人的志向又决定着一个人的行动，有怎样的行动便会导致什么样的结果，道理就这么简单——只不过是一连串的连锁反应。但追根溯源，从根本上还是环境起了决定性的作用。

由此看来，一个人是否能最大限度地实现自己的人生价值，关键就在于他是否找对了自己应站的位置，能否去主动变换自己所处的环境。当然，在这之前，首先要打破人必须去适应所从事工作的传统观念，而是将合适的人摆放在更为合适的环境中。既然懂得了这个道理，那么接下来就去努力寻找能够成就自己的大环境吧！不要再瞻前顾后，顾虑重重，甩开臂膀，大胆地、轰轰烈烈地去干一场吧！

齐心协力，共渡难关

困难，是生活的必经之路，是生活的调味品，是生活的

催化剂。是每个人都会遇到的。既然这样，我们要想成就一番事业，就必须要正视困难，不被困难所吓倒，敢于冒险，勇于进取。

人生路上并没有平坦的大道。如果谁的一生没有遇到过任何的困难，那他的一生必定是不完美的人生，这样的人必定抱憾而终。我们在生活和工作中遇到任何难题时，首先要勇敢地去面对，正视它，并想方设法地攻克它，否则，它将成为我们成功路上的拦路虎。当然，要想克服这些困难并不容易，需要我们打起十二分的精神，知难而进，只有这样，再大的困难也会为我们让路。

在云南一带的荒原中，曾经生存着一群大象。大象之间和睦相处，生活安然无恙。可是，天有不测风云，有一天，病魔突然降临到它们身上，从而打破了它们的幸福生活。

病魔是非常可怕，无法躲避的。经过努力的挣扎，绝大部分的大象最终都摆脱了病魔的纠缠，恢复了健康。不幸的是，有一只小象由于体质很差，不能承受住病痛的折磨，眼看着再也撑不下去了。了解大象生活习性的人都知道，大象是不能倒下的，一旦倒下了，内脏之间的相互压力会使内脏严重受伤，也就是说，倒下就意味着死亡，这是谁也不愿遭遇的。这就是大象以及其他庞大动物总是站着休息，而不肯躺下睡觉的缘故。

就在这危难之际，大象们两个两个一组，轮流用自己庞大的身躯夹住小象，保证小象不倒下去，挽救这微弱的生命。

小象不再孤单。就在大象们齐心协力地呵护之下，奇迹出现了，小象慢慢地恢复了元气，最后完全康复。

这是发生在大象之间的多么感人的故事呀！在这个故事中，感动之余，我们是否也明白了一个道理呢？在面对病痛的时候，大象都知道互帮互助，何况是我们万物之灵的人类呢！当我们遇到困难时，只要我们树立坚定的信念，团结起来，劲儿往一处使，相信一定会把困难打败。只要我们一次又一次地战胜困难，一次又一次地从荆棘中出来，并积累丰富的战胜困难的经验教训，就一定会有成功的那一天。

放慢节奏，减轻压力

未知的结果往往会引起人们的好奇和期待，在这个时候，人们的心情就会变得急躁起来。正如长途旅游，游客只想着快速到达目的地，却忽略了沿途的美丽风景。司机把车开得飞快，无疑就埋下了安全隐患。生活也不例外，现代都市繁忙的工作，快节奏的生活，常常令我们疲于奔波，不知不觉中脾气变得越来越暴躁。长此以往，人就很容易失控，造成不可挽回的后果。

相传，苏格拉底曾约朋友去爬山。他们各自从家中出发，在约好的地点汇合。他的朋友起床较晚，一直忙着赶路，到达目的地时，累得上气不接下气，而苏格拉底姗姗走来。苏

格拉底问朋友：“你在来的路上看到什么没有？”“没有，我只忙着赶路，根本没留意。”朋友不好意思地说。苏格拉底一边拍去身上的尘土，一边娓娓道来；“我真是替你有点惋惜呀！我一路慢慢走来，沿途风光让我一饱眼福哇！”

看似平常的话语中，却蕴含着不凡的道理：“不要只低头赶路，要放慢脚步，用心去观察路旁的事物，你会有另一番收获。”

生命的旅途更是丰富多彩，或是一路繁花，或是困难重重，此起彼伏，连绵不断。人们像陀螺一样昼夜不停地旋转着，旋转着。宴席间、会场上，到处都有自己繁忙的身影，直至年华逝去，也没能够腾出时间来欣赏“沿途”风景，享受一下美好生活。

更有甚者，有些人总是忙个不停，从未间歇，到头来却一无所获。

这样的人生必定是悲哀的人生。但是，一味地追求名和利，无疑也是非常不明智的选择。金钱、名利生不带来，死不带去。我们要学会知足，懂得取舍，适时地感受一下生活。

殊不知，为了追求我们向往的幸福生活，一路快马加鞭，生怕脚步一慢下来就会被落下，其实这样只会适得其反。你想，我们匆匆度过每一天，没时间与家人团聚，没时间与朋友谈心，没时间驻足关注一下自己的健康。等我们有时间了，意识到这些的时候，为时已晚，“真正的幸福”早已远离我们而去。

那么，我们怎样去正确地对待生活呢？《上帝给我一个任务》也许会为我们指点迷津。

有这样一个神话故事：一天，上帝交给我一个特殊的任务，让我带一只蜗牛去散步。途中，我已经走得够慢了，可蜗牛还是跟不上。我十分生气，于是，我打蜗牛，骂蜗牛，我想尽一切办法，蜗牛还是依然如故。蜗牛又无奈又委屈地望着我："我实在是走不快呀！"我祈求上帝，上帝闷不作声。上帝都不管了，我还管他做什么，由蜗牛去吧。我坐在一旁生起闷气来。这时，一股花香突然扑鼻而来。哦，原来不远处有一个花园。轻风拂面，爽快至极，哇，好温柔的夜风呀！我陶醉其中，我听到了悦耳的鸟声和虫鸣，看到了漫天亮丽的星斗……蜗牛带给我的不快，早被抛到九霄云外。这时我才明白上帝的用意："原来上帝是让蜗牛带我去欣赏美景。"

是呀，只有放慢脚步，我们才有机会欣赏到沿途的美景，而不要只顾低头赶路，这才是生活的真谛。

我们每次送客时都要说"请慢走"。"慢"不仅表达了挽留之意，也表达了温馨的提醒。看到别人做事时，我们常嘱咐"慢点儿"，因为慢意味着稳重，慢意味着不出错或者少出错。当有朋友为某事火急火燎时，我们也常以"别着急，慢慢来"作为安慰的话语。

"慢"可以消除压力，可以缓解气氛，可以让我们腾出时间来更好地解决问题。总之，生活中有太多的地方需要"慢"，"慢"，会使我们的人生别样精彩。

看到这里,你是否有同感呢？要不要放慢你那快速的脚步，静下心来，去寻找自己最理想的生活？

变“不可能”为“有可能”

有些人之所以心想事成，是因为他们坚信自己的眼光，敢想敢做，不怕孤独，敢于打破陈规，勇于创新。

有一位老师，他所带班级的成绩总是名列前茅。其他老师向他请教秘诀，他在黑板上写下“不能”两个字，然后回过头来问全班同学；“同学们，面对这两个字，我们该怎么办呢？”

他的学生们异口同声地回答：“把‘不’字去掉。”

这就是我们的成功“秘诀”，这位老师自信地说。

作为任何单位的领导，也需要带领自己的团队，需要时刻提醒大家，学会把“不”字去掉，只要“能”。这就是我们取得胜利的秘诀。如果让“不能”两个字在心中扎根发芽，最终你会发现,即使你再擅长的工作,也会在激烈的竞争中败下阵来。

一个叫安泰的男孩儿，年仅15岁。他在报纸上看到一份自己喜欢的工作，就一大早到招聘地点排队等候。一到那儿才发现，前面已经排了十几个男孩儿。

如果换成一个认为“不能”的男孩儿，或许会放弃这次机会。但安泰并没有这样想，他认为自己喜欢这份工作，需要这份工作，并且能够把它做到极致。于是，安泰开动脑筋，思考如何能打败前面的对手。片刻之后，他在一张纸上写了几行字，然后径直走到秘书面前，很有礼貌地说：“小姐，请你尽快把这张纸条交给老板,就说我有要事相求。谢谢了！”眼前这位朝气蓬勃，彬彬有礼的男孩子，引起了秘书的关注。秘书不忍拒绝这样一个渴求工作的孩子，所以她欣然答应了安泰的请求。

纸条上面这样写道：“尊敬的先生，您好，我是排在最后面的男孩儿，我叫安泰。在见到我之前，请您不要做出任何决定，谢谢！”

安泰虽然年纪轻轻，但他知道如何去面对问题，在极短的时间内抓住问题的核心，运用自己的智慧把问题完美地解决。

有了梦想，才有动力

成功人士具备一个共同的特征，那就是他们都喜欢“做梦”，而且勇于把“梦”付诸实施。他们坚信，“梦想”是他们走向成功的动力和阶梯，即使是错了，败了，也为成功积累了经验，并没有什么可怕的。因为以这样的思想做指导，所以他们能乐观地去看待风险和失败。严格地说，他们取得胜利的那一刻，他们已经成功了两次——意识上的成功和事实上的成功。

马克家孩子很多，有六个兄弟，三个妹妹，另外还有一个寄养在他家的孩子。他的家境并不宽裕，抚养这10个孩子非常吃力。虽然这样，马克一家总是充满着相互关心和爱护。马克更是洋溢着快乐和朝气，因为他心里明白，就算一个人一无所有，但他仍然拥有做自己“美梦”的权利。

马克的梦想就是当运动员。16岁时力气就足够大了，能够压扁一只橄榄球，能够以每小时90英里的速度快速投球，并且击中率很高。可以说马克很走运，他遇到了一个好教练，这个教练不仅相信马克的能力，还教马克树立自信。他让马克懂得，拥有梦想和自信，会使自己的生活发生很大的变化。是教练影响并改变了马克的人生。

中考过后，有位朋友推荐他去做暑假工。对于马克来说，的确是一个挣钱的好机会。他想，有了钱可以给自己买一辆自行车和新衣服，可以开始攒钱将来为母亲买房子。

高兴之余，马克又犹豫起来。如果他去打这份工，就必须放弃暑假的棒球运动，他不知道如何向教练开这个口。当他把自己的想法告诉教练之后，教练非常生气：“你以后有的是时间去工作，但你可以练球的时间是有限的，你根本浪费不起！”马克低垂着头，一动不动地站在教练面前，努力地想着怎样说服教练。为了那个“替妈妈买房子”和“为自己买自行车”的梦想，即使教练对自己失望了，马克也在所不惜。

见马克这样，教练又问道；“孩子，你打这份儿工能挣多少钱？”

“每小时 3.25 美元。”马克回答。“噢，一个梦想就值一小时 3.25 美元，未免太廉价了吧！”

听了教练的话，马克如梦方醒。

有梦想的人，从不被贫穷和不幸所困，凭的就是那股绝不认输的劲头和坚定的信念。正是这股劲头和信念给了有“梦”的人无穷的力量，让他们一路披荆斩棘，直至实现梦想。一个梦想的实现,往往又会激起一连串的新的梦想并为之努力奋斗。就在人类化梦想为事实的过程中，我们才得知了世界给我们的种种希望，才真正懂得了世界的美妙和幸福。

第五章

心态决定一生

积极乐观的人容易取得成功，过上快乐的生活；消极悲观的人处处艰难，难有成就。一个人保持什么样的心态，就会带来怎样的运气，过怎样的人生。如果我们能将心里的自卑、懦弱、恐惧掏出去，装上自信、阳光、快乐，那么生活也会明朗起来，一切都会更加丰富多彩。

让心中充满自信的阳光

自信会让人阳光、乐观，保持信心是我们取得成功的必要条件。拿破仑说：“我的字典里，不存在‘不可能’”。可见他对自己有着多么强烈的信心。

一天，我去见一个朋友。在公交车上，我遇见了一个女孩儿，她就坐在我旁边，戴着眼镜，斯斯文文。不一会儿，她拿出一支口琴，试了试音，旁若无人地吹起来，大都是一些经典的曲子，从《绒花》吹到《我爱你中国》。

美妙、真切的音乐成了公交车的伴奏，随着车摇摇晃晃，钻进人的耳朵里，不禁让人想起从前。

口琴伴随着我走过童年时代，与现在嘈杂的电子乐不同，那是一段质朴、静谧的时光，城市还没这么繁华，家乡还是

绿草如茵的模样，我在田间走过一个又一个夏天，油菜花的香味与琴声混在一起，飘得很远。

车上的人们有跟我一样沉浸在琴声里的，也有微笑着打量吹口琴的姑娘的。我忍不住跟她搭话说：“真好听！你是声乐专业的学生吗？”

她笑了：“不是！一点个人爱好！从小就喜欢，吹了很多年了！我打算去参加个口琴比赛，登台之前想多练习练习！”

我不解地问：“不在家里或者安静的教室练习吗？为什么跑到杂乱的公交车上来？不会分心吗？”

她神秘地笑了：“表演时可不就杂乱嘛！台下坐着观众和评委，跟这公交车载着人的场景一样。在车上得到大家的欣赏和鼓励，我会更有信心，登台时也不至于怯场了。我的琴声还能给这段旅途带来点享受和美感，不是两全其美嘛！”

我深深地被女孩儿的话和她的曲子感动了，以至于下车时在原地望了很久才离开。我想：如果生活能像这趟车一样，载着美好的人和轻快的音乐，路过人生的一站又一站，该多美好啊！

这次之后，每次坐上这趟公交车，我都会隐隐想起那天遇到的那个阳光、自信的女孩子，心里总是很明朗。至于那个姑娘在比赛中是否取得了好成绩，已经不重要了。她已经用自己的音乐和乐观善良给许多人送去了一件难忘的礼物，在过客心里留下了一首永远温暖的曲子。

有梦想，才能成功

有梦想，人生才有色彩，有梦想，社会才有前进的动力。有梦想的人如同一本内容丰富的书，值得细细品鉴。梦想，是一切开始的地方。

社会洪流不断地向前推进，我们每个人都在其中搏击，面对形形色色的变化，战胜许许多多的困难。为了适应社会的发展，我们必须与时俱进，不断地克服困难，取得成功。梦想改变世界，梦想强国富民。每个人都朝着自己的梦想努力，一股股力量汇聚在一起，共同推进时代的发展。

不去做梦的人注定要过无聊、平庸的一生，有伟大梦想的人则勇敢无畏，成为更好的自己。

一位学生毕业后提交了志愿者申请，被派往贫困的山区支援福利机构。他接到的第一项任务就是帮助当地人振作精神，摆脱贫困，自给自足。

他召集了当地的二十几家贫困户，这些人平时都靠领救济金度日。他当着大家的面做了自我介绍，并与每个人握手攀谈了两句，然后问他们："你们有没有梦想？"

二十几个贫困户代表都被他问住了，从没有人问过他们这个问题。一个身材矮小的中年人说："梦想顶什么用？当饭吃吗？"

志愿者对他说："梦想确实不能当饭吃，但是梦想代表着你们想做的事儿，你们的希望所在。我相信你们每个人都有现在就想实现的愿望。"

中年人想了想说："现在想实现的愿望吗？我现在只希望能有人帮我们收拾频繁闯入村子的野猪，别再让它们来糟蹋我的菜园子。"

志愿者问道："那你之前有没有想办法对付过野猪？"

中年人说："当然！我一直想将院子圈起来，可是我自己做不了。"

志愿者向大家询问："咱们有没有人能砌院墙？"不等他扫视完一圈儿，一个腿脚不太灵便的人站了起来，"我许多年前做过瓦工，现在手艺可不如以前了。如果要求不高，我倒是可以帮忙。"于是，这件事得到了解决。

志愿者继续询问大家眼下的愿望，一个瘦弱的女人举起手来说："我想出去工作赚点儿钱，但家里孩子多，年纪又都太小，分不开身。"

志愿者便询问大家："大家谁能帮忙照顾一下？"

一个老妇人叹了口气，站起来说："我来吧！我的孩子们都不回家，老头子也不在了，孩子们来我家，还能热闹不少。"

这次会后，大家开始热热闹闹地砌院墙，安排孩子们。很快这两件事便都解决了。

中年男人家的院墙砌好以后，他高兴地感谢了帮忙的瘸腿老瓦匠。老瓦匠不好意思地挠挠头说："我也没想到自己能砌得这么好！很多人都说我的手艺不错，还有人给我介绍了很多工作！"

志愿者也十分开心，对他们说："你们看，其实大家都是有梦想的。不管多么简单，多么小，只要我们确定了方向，努力去实现它，一切都可以改变。最重要的是，我们一定要有梦想。"

不久，志愿者便调回了城里。几年后，他再次来到当初的村子，发现除了个别特别困难的人之外，当初的二十几家贫困户都已经自力更生了。瘸腿的瓦匠工作不断，帮着带孩子的老太太开办了村上唯一一家托儿所，外出打工的妈妈自己开了一家小店儿，还从村上招了些工人，当初的困难户都过上了暖衣饱食的富足生活。

梦想不必太大，但一定要切实可行。有了梦想，便要行动起来，利用有限的时间和精力为自己的梦想付出努力。当我们将小小的梦想一个一个实现，我们的人生就会发生巨大的改变。

心态影响未来

每当遭遇挫折和悲伤，人们很容易生出悲观的情绪，很久都走不出来。与其沉沦在低落的情绪中，不如整理自己的心情，

将旧的一页翻过去，重新开始。越是悲观的人，越应该去调整心态，勇敢、乐观地面对今后的人生。

午休时，孩子们都在公园里玩耍，一个卖糖人儿的老爷爷推着车子走来，一群孩子簇拥过来，争抢着每人买了一根糖人儿，一边吃着糖人儿，一边跑掉了。只有一个孩子羞涩地站在老人的车子旁边，想靠近又很犹豫。老人将他叫过来，问道："你也想买一根糖人儿吗？"孩子点点头，然后为难地说："可是我的钱不够！"老人打量了一下孩子，发现他穿着朴素，背着个旧书包。老人慈祥地笑了，"没关系！就用你有的钱买一根好不好？"然后从自己车上选了一个最漂亮的糖人儿递给他，收了孩子递过来的零钱。孩子接过糖人儿，眼睛闪闪发亮，他开心极了，小心翼翼地舔了一口。老人问道："甜吗？"孩子点点头。老人拍拍他小小的肩膀，对他说："孩子，你要记住，不管多少钱买来的糖人儿，都是甜的！所以不要被那些事影响，

勇敢做你想做的，开开心心享受你拥有的。”

心态对人的影响是巨大的，曾经有一位教授给学生做实验验证心态对人的活动和思维的影响。他将学生们分为三组，分别在三组小白鼠身上进行实验。

第一组学生拿到小白鼠后，他告诉学生们：这些小白鼠是经过挑选的，非常聪明。第二组学生拿到小白鼠后，他告诉学生们：第二组小白鼠的智力一般，可能能走出迷宫，但不会很快就找到出口。第三组学生拿到小白鼠后，他告诉第三组学生他们的实验小白鼠是最迟钝的，几乎不可能走出迷宫。随后进行了为期一个月的实验，学生们都严格遵守了教授的实验要求，结果第一组的小白鼠成绩最高，第二组一般，第三组最低。

事实上，这些小白鼠并没有经过筛选，都是从一个笼子里随即抓来的。刚刚分组的时候，这些小白鼠并没有什么所谓的智力差异，但在教授给学生们讲了差异后，实验结果居然按照他的话应验了。

那是因为他告诉学生们小白鼠聪明，他们就以聪明的方式引导它们，告诉他们小白鼠很笨，他们就没有心情去引导了，学生的不同态度使得相同的小白鼠得到了截然不同的成绩。

随后，这一实验又被应用到人的身上。研究者让两个能力相近的老师去教两组学生，告诉一位老师：“您是幸运的，

抽到的是智力较高的那一组学生。但他们有的调皮，有的懒散，不太服从管教。他们可能会反抗您，但只要您强制他们做，他们都能好好听课，按时完成作业。只要您认真负责地教育他们，关心他们，他们都会成为最优秀的学生。”然后他又告诉另一个老师：“您不太幸运，抽到的是智力普通的孩子，可能无论您怎么管教他们也不会有太大进步，所以我们也没有期待太高，您尽力就好。”

两位老师的任期满一年后，研究者对两组学生的成绩进行了对比，第一组教师班上的学生成绩竟然都异常优秀，而第二组学生的成绩都普普通通。事实上，这两组学生没有什么所谓的智力差异，但因为通过实验者的介绍后，第一组老师将自己的学生们视为没受到好的管教的天才，第二组老师将自己的学生们视为无论怎么努力教也不会有大出息的孩子，他们的态度对学生产生了巨大的影响，以至于两组学生的成绩和心态也完全不同。

由此可见，心态是影响事物发展的重要因素，只有摆正心态，才能促使事情向好的方向发展。

不必自卑，自信前行

许多人在遭遇一些问题时会摇摆不定，在做选择时前后思量、犹豫不决，这是因为他们没有足够的信心。他们大部分并不是没有能力去克服困难，只是被自卑阻挡了脚步。

自卑的人,多数都会有一些先天缺陷或是经历了一些失败，使得他们对自己失去了信心，进而觉得别人也因为那些缺陷和失败而轻视他们，陷入恐惧和自我怀疑。

自卑者不太喜欢凑到热闹的人群中，会因为某些触及自身缺陷的问题变得敏感暴躁，会下意识地隐藏自己，不愿与人分享自己的心情，大多没什么朋友，做事小心翼翼，没有主见，遇到困难容易退缩，沟通中敏感不自信，也不擅长争取，即便有好机会放在面前也很容易错过，因此不太容易成功。

自卑的人思想消极，遇事总容易往坏的方面想，很容易产生疲乏感，工作学习都不容易全神贯注，也不擅长为自己寻找乐趣。一旦一个人陷入自卑，就会被一种低迷的心情包围，很难突破牢笼。想脱离自卑情绪，就需要放松情绪，学会从多方面看问题，明白自己的缺陷并没有什么大不了，进而从这种心情中走出来。

一个姑娘长得很美，不仅有着精致的面庞，柔顺的长发，心地还单纯善良。但她被关在一座庄园里，从不出门。陪伴她的是一个长相丑陋的女孩儿，女孩儿每天都在她面前说她长得很丑，没人喜欢她。久而久之，美丽的姑娘生出了深深的自卑感，觉得自己是因为丑陋才被关起来的，没人愿意见她。

一个青年经过庄园时见到了窗前眺望风景的姑娘，他从没见过这么美丽的女孩儿，被她深深地吸引了。之后他经常

在庄园外徘徊，美丽的姑娘发现了这个年轻人，与他交谈起来，姑娘得知青年是被自己的美貌吸引才意识到自己非但不丑，还受到了青年的爱慕，丑陋的女孩儿一直在骗她。一天晚上，她在青年的帮助下逃出了庄园。美丽的姑娘回望那座囚禁她的牢笼，那丑陋的姑娘消失不见了。她忽然明白，将她关进去的其实并不是旁人，而是她自己！那丑陋的姑娘其实是自己的心魔。

自卑就是一座牢笼，将我们锁在一座封闭的庄园，阻断了我们奔向美好生活的道路。每当遇到困难，遇到选择，我们的心魔都会跳出来反复地嘲讽我们，打击我们的自信心，让我们既怯懦又懊恼，阻止我们前进的脚步，让我们离强大、成功、快乐、自信这些美好的东西越来越远。

一个人想要成功，想要自信起来，就必须克服自己的自卑情绪。打开自己封闭的心，多去了解这个世界，每个人都有不足，你会发现自己的缺陷在偌大的世界里不值一提，你身体有残疾，还有人全身瘫痪只能坐轮椅；你的家境不富裕，还有人解决不了温饱；你长得不漂亮，还有人生来就很丑……但这并不影响他们努力地生活。所以，你还有什么自卑的理由呢？努力生活，在旁人诋毁时合理反抗，在遇到困难时敢于迎难而上，在陷入低谷时相信自己有能力东山再起，只有这样，才能发挥出自己的才能，成为更强大，更自信，更快乐的人。

学会反抗

一个人充满自信时，就会勇于面对困难，勇于挑战，勇于自我反省、自我更正、自我突破、自我提高。自信的人表现出的乐观豁达更容易打动别人，取得别人的信任，得到更多的支持。这样的人自然也离成功更近。

在打击乐流行之初，世界上很少有女性投身到这项艺术当中，极少数的女性打击乐音乐家也成为这个行业的异类，经常受到他人异样的眼光。

伊芙琳在苏格兰剑桥郡长大，家里经营一家农场。她从小就开始学习钢琴，不幸在十岁时患上了耳疾，听力每况愈

下，请了许多医生但都没有治愈，医生说她在十二岁就会完全失聪。这对于一个爱音乐的孩子来说，无疑是巨大的打击。但她并没有因此放弃，她对周围人说："我既然选择了音乐，就绝不会放弃。"随后，她转向了打击乐。

伊芙琳听力越来越差，为了找准节拍，她只能去感受乐器震动。每次上台时她都不穿鞋子，打开每一个毛孔，细致入微地感受各个方向传来的声波。渐渐地，她形成了一套独特的理解音乐的方式，走上了一条新的音乐道路。

之后，她申请了伦敦皇家音乐学院，那是英国最著名的音乐学府，从未招收过有耳疾的学生。一些招生的人也不相信一个有耳疾的孩子能在音乐上有多大的造诣。但伊芙琳却用自己充满热情的、精湛的演奏扭转了所有人的印象。她被录取了，在皇家音乐学院完成了自己的学业并取得了优异的成绩，被授予最高荣誉奖。

毕业后，她创作了许多的打击乐曲，成了第一个专业打击乐独奏家，在舞台上活跃了十几年，盛名享誉全球。

如果当年她听了医生的诊断而变得灰心丧气，对自己失去信心，放弃音乐，就不会有如今这位璀璨耀眼的杰出音乐家。她凭借自己对音乐的热爱，数倍于常人的付出和坚持实现了自己的梦想。她用自己的经历告诉全世界："不能被旁人的话左右，听从自己内心的声音，它们会指引你到达人生的彼岸。"

每个人在生活里都有自己必须完成的事情，必须承担自己应该承担的责任，当他无法完成时，难免要听到一些责备和嘲讽。如果这些事和责任都不是他本人愿意承担的，他不应该一味隐忍，可以试着重新选择一条出路。在此过程中，他可能会受到周围人的反对，许多人都告诉他“不能这样做”“你成功不了的”，但想脱离自己所厌恶的环境，就要坚定自己的信念，不能完全听从别人的建议，勇于抗争才能为自己开拓一片新天地，做自己想做的。

坚持是成功的钥匙

有想法的人很多，但能做成事的人很少。除了方法、机遇等原因，最关键的便是坚持。即便是一件很容易的事，不能坚持的人也没法做成，相反一件很难的事，只要有恒心，也总有实现的一天。

每当到了自己觉得最难、最想放弃的时候，也是一件事最接近成功的时候。毅力是一种珍贵的品质，在困境下会发挥出惊人的效果。一般人会因为无法冲破困境而选择放弃，但有毅力的人会坚持再坚持，靠顽强的毅力一步一步地接近目标，最终推开成功的大门。

一位体育老师在第一节乒乓球课上教了学生们一个姿势：将手掌张开当作球拍，从侧后方 45 度斜向前拉小臂，如同打

球时挥拍的姿势。学生们纷纷效仿，他问学生们："简单吗？"大家纷纷回答简单。老师告诉他们："这是打乒乓球的基本姿势。当你做了超过两千次，肌肉就会对这个姿势产生记忆，以后无需经大脑判断反应就能打出来。你们能在每天空闲时练习两百下拉拍动作吗？"同学们当即答道"能"。

三周后，体育老师问学生们："有多少人坚持每天练习拉拍动作？"同学们不如最初那样热情满满了，只有不到70% 的人举了手。又过了三周，体育老师又问："有多少人还在练习拉拍？"这次举手的同学只剩 40% 左右。到了期末，老师又问了一次，举手的人只剩下一个。多年后，他成为一名专业的乒乓球运动员。

拉拍的动作非常容易，但想长久地坚持下来却很难，能长久自我约束的人很少，但有这种精神的人，无论做什么都会无往不利。

行百里者半九十，许多人在遇到困难的时候，厌倦的时候生出一种放弃的想法。如同有个小人儿在心里对自己说："已经可以了吧""就这样吧""再努力下去也是徒劳""不成功也不能怪你"...... 这样的人都倒在了通往成功的路上；而那些告诉自己"再走一步吧""都到这里了，你不想走到最后吗"的人，大都能迎来胜利的曙光。

选择做一件事时，不要因为自己的怯懦、懒惰、消极就轻易放弃，也不要轻易受到别人的干扰，为自己的选择竭尽全力。

坚持到最后的人，才能享受到成功的快乐。

学会果断

每个人的性格都不相同，有人遇事果断勇敢，也有人总是犹豫不决，彷徨不前。相较于优柔寡断的人，果断的人则更能抓住机会，处理起事情来更加迅速有效，事后也不会耿耿于怀。

小吉是地铁的站台管理人，平时待人亲切温和，工作也很负责，对大家都很照顾，由于工作能力强、人缘好，没工作两年就担任了分站的负责人。之所以能这么快升职是因为他曾果断处理过一次重大的事故。

那天小吉是早班，他照常提前来到办公室交接工作。办公室正乱作一团，原来是一趟刚刚驶出他们车站的列车发生了故障，没法启动。地铁只有一条线路，被这趟车堵塞，后面的车次都要受到影响，站里的乘客不明所以，十分紧张，纷纷到服务台打听情况。

按规定，在这样的情况下，需要先确定列车行进的位置属于哪个站，由该站派人维修，工作人员跟乘客们一样着急，但他们都不敢擅自行动，因为上白班的段长还没有来，越权行为很可能引起纠纷，还会受到处分。

站台的人越来越多，后面的车无法前进，乘客们焦躁的

质问声越来越大，而段长还在赶来的路上。已经到了早高峰的时间，小吉意识到再这样继续下去不仅地铁系统会瘫痪，甚至还会加重地上交通的负担，被耽误的人更恼火，影响会更加恶劣。于是他召集了维修班，准备不等责任划分，先带人去处理故障。小吉在处理事故报表的责任人一栏签上了自己的名字，如果将来要追查，他便自己承担全部责任。

维修人员进了车厢以后，迅速地排查故障，处理了问题。列车重新启动了，后面等待的列车也得以顺利通行，载着站车上焦急的人们驶向终点，开始一天忙碌的工作，城市的节奏重新回到正轨。

小吉回到站台后上报了整个事故的处理过程，并且准备好了检讨书。但领导听了他的报告后并没有给他什么处分。同事们都议论这件事，有人问段长：“为什么没有给小吉通报批评呢，不怕以后大家都不明确责任擅自行动吗？”段长说：“定规矩是为了维持事情的正常运转，不能维持运转的规矩，遵守它有什么用呢？在关键时刻，墨守成规不如想法子去解决问题。小吉果断处理事故就是最好的表现，这样的人为什么要受罚？”这件事过后不久，小吉就升任了分站负责人。

积极面对

积极乐观的人仿佛有某种魔力，总能在低谷时走出困境。他们身上闪烁着光辉，既照亮自己的成功之路，也引导别人走出黑暗。

一位单亲妈妈在体检时发现自己患上了癌症，从得知消息那天开始她就十分绝望，不管别人怎么劝导，她都无法积极地面对。她的孩子才刚刚学会走路，她很担心没有自己的照顾，孩子没法健康快乐地长大。于是想将孩子托付给一个稳妥的人。

她首先想到的是自己的姐姐，便带着孩子敲响了姐姐的家门。她坐在沙发上声泪俱下地向姐姐阐明来意，她知道自己无法陪伴孩子长大了，想将自己的财产交给姐姐，希望在自己死后姐姐能收养自己的孩子。姐姐家里的孩子已经十几岁了，她觉得自己无法完成这个嘱托，虽然不忍心，但还是回绝了她。

她悲痛地带着孩子离开了姐姐家，又去找年迈的母亲帮

忙。她抱着孩子默默哭泣，央求母亲替她照顾到孩子成年。母亲没有回答，为她擦去了眼泪，对她说：“我的孩子，你为什么这么早就放弃自己了呢？现在你的病症还没到不能挽回的地步，医生说只要你心态好，并不是没有好转的可能。你想就这样被疾病打败吗？不要总觉得自己时日不多了，只要你积极配合治疗，开开心心地去过每一天，一切都会好起来的！你若自己能陪着孩子长大不是更好吗！”

她听了母亲的话豁然开朗，擦干眼泪，扫除了心里的阴霾，再也没有在谁面前诉苦央求。从那以后，她每天带着孩子开心过日子，看望母亲，像正常人一样上班，参加活动，病情竟然真的没有再恶化。

五个爱好登山的青年结队去攀登查亚峰。他们在登山前的高地驻扎，由于海拔太高，有人出现了高原反应，还没出发就不得不放弃。剩下的人凌晨出发，经过一段斜坡去往山脚。然而在这段路上，又有人因体力不支不得不返回驻地。等到了查亚峰山脚下时，一行人只剩下三个了。山峰笔直陡峭，巍峨而立，他们也不知道自己能不能完成挑战，但他们还是一同开始了挑战。途中他们手脚并用，汗流浃背，越过一处又一处凹槽与深陷，踩过一个又一个前人留下的脚印，互相扶持着从天黑爬到天明，终于登上了顶峰。雄壮的山顶上，三个人一同欣赏到了最美的日出。

事后，他们坐在一起聊起当时的体验，发现最大的障碍并不是高原反应和体力不支，而是心里的恐惧和不确定。他们在心里一遍一遍地质疑自己：我到底行不行？我是不是爬不上去？如果我在中途遇险了怎么办？而最终引领他们登上巅峰的，是他们在心里一遍一遍对自己说的那句：我肯定能爬上去！

在这样强烈的自我暗示下，他们扫除了心底的障碍，生出了超越身体极限的毅力和信心，最终也超越了自己。相信他们之后无论遇到什么样的困难，都会非常自信地想：我连高山都爬上去了，还有什么过不去呢！

永不放弃

人一生中发生的事如果分为十份儿，成功的占不到两份儿，剩余的八份儿都以失败告终。所以要有迎接失败的准备，即便这次没有成功，也要很快地爬起来，继续走下去。认真对待每一件事，竭尽所能，便问心无愧。不要因为一次失败而停止奋斗的脚步，永远敢于做梦，不放弃希望，不放弃努力。

一个少年在波士顿长大，青年时期在船上做船员。后来他辞掉了海员的工作，租下一间店铺，出售一些日常用品，但生意很不好，很快店铺就维持不下去了。之后他换了个地方又开了一家店铺，还是没有成功。

当时美国正涌现大批淘金客，他便来到了加州，在淘金客聚集的地方开了个餐馆。这原本是个赚钱的生意，但淘金客们在当地没什么收获，便慢慢都撤走了，餐馆的生意也因此渐渐凋零。他马上关掉店铺，去了马萨诸塞州。

在马萨诸塞州，他发现服装行业很有前景，便做起了布料生意。虽然他信心满满，但公司还是很快陷入了困境，赔得血本无归。即便如此，他依然想做生意，于是他转战英国。到了英国，他决定依然从事服装行业，这一次他不仅打探好了市场，还慎重选了街边的店铺。虽然起初并不顺利，但他很快抓住了机会，不断地扩张业务。他的执着和坚持终于迎来了回报，公司不仅赚到了钱，还成了全球最大的百货公司，他就是百货大王——梅西。

另一个爱尔兰出生的孩子，从小就很有生意头脑。十几岁时，他看到火车站台有人推车卖零食，便自己也准备去卖爆米花赚钱。但他不知道自己抢了别人的生意，其他的小贩结队而来把他收拾了一通，他的小生意就此告终了。

这个孩子长大以后参了军，一战结束后，他退伍回到了家乡，做起了电池生意。公司的销售情况一直很不好，更让他恼火的是公司竟然被查封了，他连办公室的东西都没来得及取出来。

这次失败后，他又盯上了收音机。当时收音机是新型的产品，很受欢迎，美国拥有收音机的人不到三千，但这一数

字很快就增长到了三万，三十万，三百万，这无疑是个巨大的商机。他准备专门研究收音机的电池，与合伙人研发了一种新型电池，但无论怎么推销，新产品也没有打开市场，他们的公司再次陷入困境。之后他想到了邮购的方式，终于将产品推广了出去。他用回流的资金开办了收音机和电池厂，一开始公司的运营良好，但三年以后还是经营不善，破产了。

这无疑是个巨大的打击，但他没有因此放弃。他在开车时想：为什么不能一边开车一边听收音机呢？于是，他又开始研究车载收音机。但想实现这种突破并不容易，他不顾一切地投入到了研发中，以至于在1930年年底，他的欠账已经超过三百万美元，家里没有一分余钱，连吃住都要借。但功夫不负苦心人，在一段艰苦的研究后，他终于将收音机装到

了汽车上，开启了一项先河。他也因此获得了大笔的财富，从此过上了富足的生活，他就是高尔文。

坚定前行

为自己设立一个目标后，想要取得成功，第一件事就是行动，第二件事便是坚持。古往今来的伟人，除了过人的天赋，还都有着超人的毅力，无论是王羲之这样的书法家还是居里夫妇这样的科学家，都是在一条路上坚定前行了多年才取得辉煌的成就。

一百多年前，一个27岁的青年在一家出版社工作，他耿直地反驳了他的上司，因而受到了报复，他被开除了。原本就不富裕的青年日子变得更加清苦了，只能做些杂事来维持生活。他在蒙大拿州的一个牧场做工，夜晚来临时，他望着明亮的月光冒出一个想法：他想创办一本杂志，专门收录精品短文。他甚至连杂志的刊名都想好了，就叫《读者》。

青年的梦想还没来得及实现，美国便加入了第二次世界大战，无业青年决定投身军旅，报名参军。很快，他随着军队去了法国。他所在的军队接到命令，负责阻截撤退的德军。交战中，他中弹受伤了，在医院住了一段时间。躺在病床上，创办杂志的念想不停地在他脑海里打转，于是他先在军队里编了一本杂志，为了简化文章内容，他将每篇稿件都删掉了一部分，但这并不影响文章的整体意义。

战后，他开始专心地研究起杂志来，每天都出入图书馆，终于在半年后整理出一本精简的杂志，取名为《读者》。这位单身青年也在此期间遇到了自己的心爱之人，虽然他一无所有，但这个姑娘还是接受了他，并且非常看好他创办杂志的想法。

青年与他的爱人一拍即合，两人结了婚，在一间酒吧的地下室开始了他们的创作。第一本《读者》发行后，精短的内容受到读者的热烈欢迎，很快便成了热门。随后，《读者》杂志越办越大，被许多国家引进，翻译，成了全球杂志市场的领头羊。当初的两人创作团队渐渐发展成了集编撰、发行、销售、投资于一体的图书企业，而那位创刊者也成了全世界最成功的图书商人。

每个人都会有瞬间迸发的想法和幻想，当时看来也许遥不可及，无法实现，所以很快就放弃了。但没有尝试过谁又能断言一件事一定不能成功呢！不要轻易放弃一个梦想，相信自己，坚定前行，成功就可能在某一天到访。

第六章

希望离成功只有一步之遥

站在起点看一件事，总觉得终点是遥远的。如果我们秉承着不去衡量中途需要遇到多少困难，只要开始了就一心一意地努力坚持，那么那些艰难的过程也就化作泡影，没那么可怕了。想要取得成绩，就必须面对困难，勇敢斗争，坚持到底。世上能打败我们的其实并不多，最大的对手就是我们自己。

1%的机会就是努力的理由

每件事在尘埃落定之前，结果都是存在变数的，走向成功还是走向失败，每个人都会衡量哪一端的筹码更重。不易成功的事自然就有很多人选择知难而退，不浪费自己的力气。但不易成功就是我们的障碍了吗？不值得我们尝试、努力了吗？如果我凭借一点仅存的可能，打破定律，取得成功呢？

通常情况下，一件事成功的概率低于 50% 就会给人造成很大的心理压力，让人不自觉地衡量自己再坚持下去是不是太傻，会不会掉入陷阱，会不会白费力气。一件事如果有 80%-90% 的机会能够成功，那么人们就会自然而然地相信事情会成功，值得努力。但易于成功的事就一定会水到渠成吗？不易成功的事就不值得坚持吗？当然不是！在没有结果之前，我们永远有机会凭自己的努力扭转结局。所以只要是我们想做的，即便成功的机会再小，也值得一试。

许多人都爱看动漫，喜欢里面的某个人物，感动于某个情节，从其中悟出受益终身的道理。《灌篮高手》里，有才能的人比比皆是，樱木花道、流川枫、仙道、三井寿……他们是故事里的主角，光彩四射。但在由天才编织的故事里，那些小角色同样让人感动，比如木暮公延，那个带着小眼镜，万年坐在替补席的高三学长。他不像其他人那样有着特别的天赋，性格

平和软弱，永远一副好脾气的样子，与篮球这样的竞技体育似乎不搭边，但他也跟队长赤木一样想过称霸全国。在别人看来，这根本没有成功的可能，但他放弃了吗？没有！在周围的冷眼与嘲笑中，他依然默默地坚持了三年，把自己的整个高中生涯都献给了篮球。他一步步地靠近自己的梦想，迎来理想的队友，在与陵南那场决定命运的比赛中，投进了最最关键的一球。多年的努力在那一刻爆发，将不可能变成可能，感动了自己，也让所有人为之欢呼，为之热泪盈眶。

如果一个人对一件事极度的渴望，那么就将那些所谓的概率抛之脑后，一心一意去争取吧！

居里夫妇第一次在实验中发现镭时，没有因为那微乎其微的存在而放弃。在一间简陋的化学工作室里，十年如一日地从成吨成吨的沥青中提炼出了 克的镭，那是人类最伟大的发

现之一。艾滋病发现后便被视为人类最可怕的死亡威胁之一，传染性极强，在世界范围内困扰着许多人。战胜这种疾病的可能性也是微弱的，但医学研究者们放弃了吗？没有！他们年复一年地进行着试验和改进，研发延缓和控制病情的药物，虽然至今也没有研究出可以治愈艾滋病的方法，但这种病已经得到了有效控制，被列为慢性传染病，患病者的寿命也大大延长。

当人们还在为一半概率会失败而放弃一件事时，科学家们正追随着 1% 的希望而不停地努力着。他们也许会陷入矛盾，也许会停滞不前，但绝不会彻底放弃。

我们在做一件事时能否也像他们一样，一旦确定了自己的目标就全力以赴，去排除 99% 的障碍，实现自己 1% 的梦想呢？

竞争是生存的法则

动物园里的老虎有自己的活动场地，有饲养员按时投食，它们不需要努力奔跑追逐猎物，也不会有敌人的攻击。而森林、草原上的老虎呢？它们风餐露宿，永远得警惕敌人来袭，需要忍饥挨饿，四处寻找猎物。那么它们羡慕自己养尊处优的同伴吗？也许并不！它们面对的是辽阔的森林和草原，什么时候想要食物就什么时候出发，它们有着强壮的身体、敏锐的感官，不用人类决定自己的命运，它们是森林之王，为什么要羡慕那些养尊处优的圈养生物呢！

竞争是生物的天性，只有强大的生物才能占得先机，生存下来。丛林里的高大乔木吸收最多的阳光，低矮的灌木接收剩下的阳光，贴地生长的植物最终进化成了不需要阳光的喜阴植物。动物社会里，虎豹以牛羊为食，狼豺以羊兔为食，兔子只能学会了挖洞，羊则进化出了飞奔的本领。所有的生物必须为了争取资源进行竞争，这是自然赋予生命的法则，对于人类也一样适用，只是我们的战场并不是丛林，而是整个人类社会。

在竞争中，我们要不断地提升自己的能力，完善自己的性格，注意自己的言行，提高自己的情商。如果我们毫无用处，就会被淘汰，被厌弃。所以人在年轻时就应该学会在竞争中生存，只有这样才能让我们更好地适应今后的生活，成为真正的强者。

每一个成功者的背后都刻满了伤疤，他们都是经历了许多苦难，战胜了许多竞争者才取得最终的胜利，站上了事业的顶峰。

人类在进化的过程中，以自己的智慧和体魄战胜了其他物种。产生文明以后，人类之间又发动过无数次的战争，只有真正的强者才能生存下来，而那些软弱者，注定要被打败。历史将真理摆在我们面前，我们还要心安理得地做圈养的动物，生死由别人掌控吗？当然不，那不是我们存在的目的。

一个人经商有道，家里相当富裕，为了保护孩子不受伤害，从小就对他娇生惯养，不让他吃一点儿苦，只要有竞争关系，父母马上帮他把对手解决掉，生怕他遭受一点儿不如意。这个孩子渐渐地长大，在周围人的宠溺和保护下，不仅性格骄纵，还十分懦弱无能。父母为他选了最好的中学，他在那里第一次受到了巨大打击，班里的每一个同学都非常优秀，要么家境跟他一样优越，要么能力强、成绩好，他完全被淹没在人群中。这让他渐渐消极起来。

母亲见他闷闷不乐，认为是学校环境不好，决定让他出国留学。他到了国外以后，发现自己根本无法克服语言障碍，而且那里的竞争并不比国内小，大家都在为自己的梦想和今后的发展努力，没有人像他一样娇生惯养，等着坐享其成。这一次他受的打击更深了，母亲只好将他接回了国内。

回国后，他开始放任自流，每天沉迷于享乐，到处惹是生非，还多次被送往少管所。父母终于意识到是自己对孩子的过度保护害了他。如果他们让他像普通孩子一样经受磨砺，他就不至于融入不进社会当中，遇到一点儿挫折就放弃自我，一事无成，开始走上歪路。但他们察觉得太晚了。

为了养成坚强的性格和强大的心理，从小加入正常竞争是必要的。这样，既可以在挫折中不断地意识到自己的不足，也能在对手的激励下激发出自己的求胜欲望，不断地成长，并且从中学会自我保护的方法。

竞争、挫折、失败都是成长路上必不可少的环节，缺了哪一个环节都无法培养出健全的人格。为了不成为金丝笼中的鸟儿，动物园里的老虎，为了翱翔天空、驰骋草原，让我们勇敢

地迎击风雨，加入竞争吧！

勇于突破

社会发展的速度如同高铁一般，每年都会提升到一个新高度。我们在这样的社会里生存，就要有充足的心理准备，跟上时代的脚步。为了不落人后，不被时代淘汰，我们要时刻保持头脑清醒，并且勇于打破现状。

周围的诱惑越来越多，很容易让人沉浸在舒适和享受里，丧失敏感度，消磨人的意志，淡化人的创造力和反抗力。一个才能卓著的人如果沉溺现状，不去挑战，就会渐渐变得平庸，在碌碌无为里度过一生。谁想这样将自己埋没在尘埃里呢？我想大多数人都不愿意。

一个人曾用螳螂做了个实验，他将螳螂放在一块板子上，悄悄在它身后跺脚，螳螂受到了很大的惊吓，一瞬间跳出十几米远。随后，他将螳螂抓进一个玻璃容器中，用盖子盖住顶部，在外面吓螳螂，螳螂一飞而起，撞到了盖子上，反复几次以后，螳螂撞得头晕眼花。之后，他又将螳螂换到一个更小的容器里，依然盖上盖子，反复惊吓螳螂，螳螂开始时依然每次都撞到盖子上，但渐渐跳得不那么高了。最后他将螳螂装进一个非常小的瓶子里，吓了几次螳螂，螳螂说什么也不肯再跳。他拿掉盖子，再去惊吓蝗螂，蝗螂只会在原地轻轻蹦，再也没有飞起来。

在这个实验中，蝗螂在多次受阻后心里产生了一种惯性，便不再往上跳了。人类也是如此，大脑反复的自我暗示下，会形成一种惯性，对现状产生一种依赖，不愿再冲破牢笼，失去突破的勇气和毅力，陷入混沌和自满中。

一家公司曾让面试者回答当下的薪资预期和十年后的预期。面试者觉得这是公司在试探自己对公司的忠诚度和工作中的野心，一个人回答现在 8000，十年后 10000，而另一个人则回答现在 6000，十年后 30000。最后第二个人被聘用了，并不是因为第二个人的现在预期低，而是因为薪资代表着一个人的能力。一个人如果觉得自己十年后的薪资不需要太大的增长，那么就暗示着他也不觉得自己的能力会大幅度地提升，在工作里很可能会不思进取。第二个人觉得十年后自己会成为一个有很高价值的人，那么他必然会竭尽全力地去提高能力，处理工作。相

比于一个努力提高自己的人，谁会选择一个安于现状的人呢？

没有人不想朝好的方向发展。沉迷在舒适区，不敢打破现状的人就像在自己的双脚上加了锁链，停滞不前。敢于挑战和突破的人则像得到了交通工具，即便有时候方向不对，也总能快速找回方向，体验不同的风景。

一个青年在贫困的山区长大，父母负担不起他的学费，很快便让他退学了。于是他外出打工，赚钱补贴家用。他没有上多少学，只能找一些体力活干，在各个工地辗转，大都做些搬水泥、挖地沟的工作。他拿到工钱后生活宽松了一些，但深夜睡不着时，他在工友的鼾声中问自己：我就这样过下去吗？他不想一生都在工地上听人使唤，干一些又脏又累的工作，他想趁着年轻闯一闯。不久当部队征兵的消息传来，他想了想，反正自己在工地上也不轻松，还不如去部队锻炼一番！于是，他辞掉了工作，报名参军。部队里的高强度训练磨炼了他的意志，他在那里潜心学习，待退役出来，已经是个坚毅的大人模样。

退伍的军人会得到安置，他被分配到装修公司工作。但这家公司是一家节奏缓慢的国企，员工都过着不紧不慢的生活，每天说说闹闹，工作松松垮垮，没人学习，都指着在这里混到退休。他不想被这种环境所消磨，便在熟悉了这个行业的运作流程后辞职了。

之后，他凭借自己积累的人际关系，积极地寻找项目，并且借钱创办了一家装修公司。他认真负责的办事风格很快得到了客户的青睐，公司承接的项目也越来越多，成了小有名气的装修公司。随后几年，公司发展得更快，收入也更高，许多人觉得这样运行下去也不错。但他已经做好了调查，准备开办工厂生产装修材料，自产自销。就这样，他不断地扩展公司的业务，从一家小装修公司发展成了装潢行业的集团企业，在全国许多大城市都开设了分部，还趁着国家发展“一带一路”的机会，将业务开展到了国外。

有时我们会觉得就这样吧，反正也突破不了！有时我们会觉得眼前已经这么好了，还折腾什么呢！然后停滞不前，无论是由于恐惧灰心还是满足现状，都是生活给我们设下的陷阱，想不被迷惑就要头脑时刻地保持清醒、敏锐，随时准备好迎接挑战。

逃避还是迎战？

生活犹如一条漫长的路，当路上出现障碍时，行人难免要生出恐惧来。有人转身而逃，有人犹豫不决，也有人迎难而上。逃避的人内心脆弱，逃了一次还想逃第二次，他们不是败给障碍，而是败给自己内心的恐惧。而选择迎战的人都是勇者，不论输赢，都能磨炼自己的意志，培养出勇气来。这份勇气会指引我们走向成功。

约翰·库缇斯一出生就是个畸形儿，只有二十几厘米高，

腿脚又短又小，甚至没有发育出肛门，为了排泄，他不得不接受肛肠手术。医生觉得他发育不完全，很快就会死去。母亲看着这个可怜的孩子，只能一边痛哭流涕，一边精心照料，希望能减轻他的痛苦。一个月后，约翰依然活着，医生觉得很惊奇，但还是断言他活不了太久。但约翰并没有顺从医生的话，不仅顽强地活了下来，还慢慢地长大了。虽然他打破了命运的审判，但也承受了巨大的痛苦，他畸形的下半身一直病痛不断。懂事以后，他感受到了周围人的异样眼光，他明白自己跟别人不一样，不要说跑跑跳跳，他连生活都无法自理，孩子们不跟他一起玩儿，还嘲笑他畸形的腿脚。

十八岁那一年，约翰告诉父母自己要截掉双腿，彻底做个没有腿的人。父母支持了他的选择。没了腿以后，约翰开始练习用手走路，当他以手代脚走上了街头时，他开心极了，因为他终于可以想去哪里就去哪里了。

有人安慰他说："你不用那么在意，约翰！你只在家，安静地坐在轮椅上等着大家帮助你也不会有人介意的。"但约翰并不这样想，他想掌控自己的人生。

为了代步，他学会了滑滑板，还准备出门找一份工作，像其他人一样生活。但招聘的人见到约翰都摇摇头，表示他们没有工作提供给约翰这样一个残疾人。但约翰并不放弃，他到处面试，终于找到了一家愿意聘用他的公司。约翰还报名参加了网球俱乐部，打起网球。

他不能像常人一样，双腿跑得飞快，但那又怎么样呢！没有腿他一样能成为运动员。他加倍地努力练习，反应比常人更加敏捷，因为表现出色，他经常有机会登上赛场。终于，他在1994年的残疾人网球赛中一举夺得了冠军，成了家喻户晓的体育明星。那些儿时嘲笑过他的人此时正在家中羞愧不已。

约翰受邀参加了许多的演讲。演讲途中，他问台下的观众：“谁对自己脚上的鞋不满意？”台下观众稀稀拉拉地举起了手，约翰拿过自己的手套笑着说：“这是我的鞋！你们谁有我的鞋不好吗？”台下鸦雀无声。约翰的演讲给了人们很大触动，他将自己的成功经验分享给世人，鼓励人们不要逃避困难，劝导他们以最好的心态去迎接挑战。他也成了人们心目中的英雄。

但这位英雄并没有受到上帝的眷顾，三十岁时，他被确诊得了癌症。但他从小的经历已经将他锻炼成一个勇敢、坚强的人，他积极配合治疗，从不绝望。2000年，他战胜了癌症重新回到人们的视线。有人问他：“你的一生似乎都在创造奇迹，你是怎么做到的呢？”他说：“我只是不想屈服，命运从我身上拿走了什么，我统统都要拿回来。”

约翰确实从命运手中拿回了一切，但这都要归功于他没有自暴自弃，没有向命运妥协。他勇敢地截掉了下肢，过上了正常人的生活；夺得冠军，娶妻生子；又战胜病魔，重新回到大家面前。他的字典里没有逃避，无论生活抛给他什么难题，他都迎难而上，拼尽全力，并且做到了最好。

我们在遇到挑战时，也应该像约翰一样，调整好心态，以饱满的状态和积极的心态去迎接它。只有这样，我们才能突破自己，赢得胜利。如果我们只会逃避，那就永远无法摆脱懦弱的自己，也感受不到成功的喜悦。

将每次都当作最后一次去努力

一件事做成时，我们会欢欣鼓舞；一件事失败时，我们会沮丧失望。失败时我们会想：这一次没做成没关系，下次再努力吧！这种自我安慰会帮助我们走出沮丧，但这是事情已成定局的情况下，如果事情才刚刚开始，那我们决不能以这样得过且过的心态去准备，一定要将每一次都当作最后一次去努力，否则就无法全心全意地投入到事情中去，努力和决心都可能大

打折扣，进而影响事情的结果。如果每次都觉得还有下一次，我们就会丧失强烈的求胜欲，变成一个得过且过、一事无成的人。

一次月考考砸了，你会安慰自己：没关系，下次追回来！但如果是影响命运的中考或者高考呢？你还会这样安慰自己吗？事先设想一下失败后的痛苦，精神自然就会紧绷起来。有些事，一生只有一次机会，失败便是万劫不复。为了不出现这样的遗憾，对每一件重要的事，我们都应该认真对待，不能有侥幸或轻慢的态度。

每一次漫不经心引起的失败都会慢慢地磨掉我们的锐气，让我们渐渐地习以为常，对什么都提不起兴趣，对很多事都将就、敷衍。我们的勇气和毅力都会渐渐被抹平，变得平庸无能，离成功越来越远。

想保持自己的进取状态，就要有孤注一掷的准备。《蝙蝠侠前传3》中，人们被困在幽暗的地下城，四面漆黑，只有一条狭长、光滑的通道可以逃出去，光线从通道里照进来，为他们点亮了一盏希望之灯。他们决定试着逃离无望的黑暗，以绳索绑在一起，一点儿一点儿地爬上那无从下手的通道，他们一点儿点儿地靠近出口，但一块石头挡住了他们的脚步。太远了！他们没法爬到那块石头上，左试右试都没能成功。拴在一起的绳索成了他们的底气，因为掉下去也没关系，反正有绳索绑着，一定摔不死。但也正因为如此，他们始终没有激发出潜力，出口还是遥不可及。

大人们反复尝试，反复失败，越来越没有信心。人群中的一个小姑娘走了出来，她解开了绳子，准备拼死尝试一次，最后，这个小姑娘成功地爬了上去。人们被这个柔弱的小姑娘惊呆了。正是因为她知道自己必须成功，一定会成功，所以她拼尽全力跳了出去，跨越了那成年人一直无法跨越的距离，击碎了心底作祟的恐惧，做到了不可能完成的事。

由此可见，当我们总想着还有机会的时候，做事就会留有余地，无法全身心投入，在反复失败后还会变得意志消沉。一旦我们将一件事当成最后一次机会，就能挖掘出隐藏在自己内心深处的潜能，心理上就会变得无比的坚定刚强，身体上也能爆发出异乎寻常的能力，事情成功的机会就会加倍。

因此真正想做一件事时，不要敷衍，要全力以赴，将它当成自己最后一次机会，不留遗憾地去完成。

永不言败

每个人都渴望成功，渴望实现自己的价值，完成自己的梦想。但成功的过程是艰难的，结果也未必都如我们的意。即便如此，我们也要培养出坚韧的精神，永远不轻易认输。即便真的失败了，我们也要敢于重新开始。永不言败的精神，是成功路上的灯塔。

日本剑道比试时，接受了挑战的双方都必须上场迎战，战斗中不敌对手，受重伤都不可以认输，必须坚持到比试结束，最后要互相鞠躬致敬。剑道的精髓就是永不言败，认输是剑道的最大耻辱，认输的人会受到鄙视。

不服输是人类本性中的一个特质，在任何情况下，只要有斗争，想赢都是我们的第一个想法。生物的进化过程将这一精神贯穿始终，顽强的植物没有灭绝，顽强的动物得以生存。

相比于一些大型动物，人类的体魄完全没有优势，但人类凭借聪明的头脑驯服了许多生物，研究出了抵御敌人的武器，成为支配世界的主人。但人类的内部矛盾也长久存在，现存的国家和种族都是在漫长的战争中顽强地存活下来的。所以想取得长久的或者最终的胜利，必须要有坚韧不拔的精神，永不言败。

唐代的鉴真大师为了传播佛法，在十年的时间里五次东渡，但都没有成功。期间，他不仅历经惊涛骇浪，还患上眼疾失明了，同行的弟子和邀请他们的日本僧人都先后去世了。但这些磨难都没有磨灭他的信念，调整过后，鉴真大师再次带着徒弟出发了。这一次他终于成功了！他顽强的精神和坚定的信念终于开花结果，律宗被传往日本，奈良建起了唐招提寺。鉴真大师也被日本信徒奉为律宗师祖，为两国文化的交流做出了巨大的贡献。

世上成大事者，都必然有着永不言弃的精神，强大的精神力量将他们的才能发挥得淋漓尽致，促使他们一步一步走向成功。

意志不坚定的人，在遇到难题时总是轻易就退缩了，在失败之后又常常懊恼、怨恨自己。与其像他们那样事后后悔，不

如一开始就立下志愿，在一次次成功和失败中总结经验，将懦弱和恐惧压缩到最小，培养出坚毅的精神。

2012 年伦敦奥运会上，一个女运动员以自己的行动让全世界动容，她叫萨拉，来自沙特阿拉伯。沙特阿拉伯是世界上对女性约束最严的国家，女性出街必须穿黑袍，不能裸露皮肤，要用黑巾遮住脸，不允许女性开车，甚至允许一夫多妻。在这一届奥运会之前，他们从没有女运动员参加比赛，萨拉是这一年弥足珍贵的两个沙特参赛女运动员之一。

萨拉取得了好成绩吗？没有，她是最慢的，只跑了一圈儿就被人超圈儿了，但她并没有因此停下来，所有运动员都跑完了，偌大的跑道上只剩她一个人，看上去渺小又可怜，但她依然在跑。那一刻，所有的视线都投在她的身上。

对她来说，得到什么名次根本不重要，她唯一的目标就是跑完全程。一个习惯了躲在黑纱后面的人，在上万双眼睛的瞩目之下，一步一步地跑下去，没有迟疑，也没有放弃。观众们都被这个姑娘感动了，自发为她打起节拍，在她冲过终点时赠予她冠军一般的掌声和欢呼。输赢还有什么关系呢！就像她说的：我已经代表沙特全体女性站上了跑道，这就是最大的荣誉。

萨拉有着美国和沙特双重国籍，但她参赛前依然受到了很大的阻力。沙特国内的保守派反对女性抛头露面，坚决不允许她参赛，但她顶住了压力，走上了赛场。如果她因为自己跑得慢而中途退赛，那么人们不会记得这么一个默默无名的女运动员，但她坚持跑到最后，向人们展示了一位运动员，一位渴望展示自己的沙特女性最让人钦佩的一面，为全国的女性同胞赢得了一份尊重。

中国是唯一一个文化没有中断的四大文明古国，在五千年漫长的历史中，我们不断地被打败又不断崛起，周而复始，将文化传承至今。坚韧不拔、永不言败的精神早已流淌在我们血液里，成了我们的一部分。我们要做的，就是将它用到我们的生活中。无论面对什么情况都不要轻易认输，即便这次失败了，也要有信心爬起来重新开始。

付出终有回报

有人热心勤快，乐于助人，也有人懒散，对什么事都漠

不关心。对别人漠不关心只能换来别人对你的漠不关心，而帮助别人不仅能获得快乐，还可能换来回报。学会付出也是人生的必修课，对一个人多付出会得到感恩，对一件事多付出能换来更好的结果。付出的过程对自己也是一种磨炼，能增长见识，开阔心胸。

会计每天与账目为伍，需要很大的耐心，还要非常的细心，一不小心弄错了哪个数字，损失说不准就要落到自己身上，有时还会犯下无法弥补的大错。小菲不是个事无巨细的人，刚开始做会计工作的时候经常会出小错误，小菲也觉得十分不好意思。于是她暗下决心，要改掉自己的毛病。

她从自己负责的单据开始，每一份填完都要检查三遍再交出去。但她是新人，手里的工作不多，到了月末月初需要报税的时候，大家的工作都多起来，她趁此机会向任务重的同事提出帮忙，同事欣然将自己的工作分给她一些。小菲接了许多额外的工作，不得不加班，每天都是最后一个走，回家后还要将每个单据检查三遍，第二天交给同事再检查。同事们接受了她的义务帮助，都很感谢她，慢慢地都跟她亲近起来，不时传授她一些经验，还会悄悄地带一些零食给她。

三个月以后，小菲摸索出了一些特定规律，开始分门别类地将不同的票据以不同的方式处理、检查，办事效率越来越高，出错率越来越低，越来越受领导的赏识。要好的同事询问她怎么做到的，小菲便将自己总结的方法分享给了她，她也成了小菲最好的朋友。年底时，因为出色的表现和同事们的举荐，小菲顺利得到了转正机会。

学习、生活中，适当地多付出一些，看起来是吃了亏，但最终得到的却是尊重和经验。这对于我们的成长和生活都有着很大的益处。

小丽学的是管理专业，大四这一年在一家商贸公司找了份实习工作，负责文员的琐碎杂事。这份工作不如想象的轻松，但却能让她了解公司的运作和人事关系，所以她干得很认真。她除了每天要完成许多整理文件、出纳、考勤的工作外，还会专门抽出时间来了解公司产品和销售流程。

小丽对一切都很感兴趣，为了多学东西，每天早到晚退。她将自己的工作渐渐地摸出了规律，越来越游刃有余，空闲下来时，她便帮着一起进公司实习的销售部员工整理资料。无论谁有什么需要，她都热心帮忙，久而久之，大家都说她是小陀螺，能整天旋转，不用休息。小丽聪明有责任心，领导很喜欢她，同事也都很愿意跟她合作，大家经常交给她一些新工作。随着接触的东西也越来越多，她对公司的业务也有了更深入的了解。

这一天，小丽照常早到公司，发现会议室竟然有人，进去一询问才知道，原来是头天约的客户提早到了。负责接待的人还没有上班，小丽便给他们倒了水，并且自然地跟他们交谈起来。小丽平时帮大家做各种工作，对许多工作早已了然于心，得知客户是来了解公司情况的，便为他们介绍起来。

接待经理到了公司，见小丽将客户接待得十分满意，也对她也刮目相看。一个月后，经理将小丽要到了自己的部门，小丽也从打杂的文员变成了直接接触核心工作的业务员。她的成长离不开日积月累的努力，帮别人的忙不仅帮她赢得了很高的人气，也帮她增长了经验。丰富的经验让她在面对客户时毫不怯场，工作上如鱼得水。

每天都多学习一点儿，也许短时间之内不会有大回报，但总有一天，这些付出会结出香甜的果实，拓宽我们今后的道路。

当然，我们帮助别人之前也要先考量这个人是否值得帮，这件事值不值得做，会不会给对方带来不便，等等。同时，我们还要做好充分的心理准备，如果对方感恩，那是我们的幸运，如果对方不感激，我们也不应该有什么怨恨。即便我们得不到感情上的抚慰，也能从每一件事中学到一些经验和道理，那也是一份难得的收获。付出是我们换来收获的第一步，既是优良的品德也是快乐的源泉。

做独一无二的自己

人的能力、智商、情商有高低之分，但特别聪明的和特别笨的人都是少数，大多数人都是普通人。若想做特别的自己，不过平庸的一生，至少要有一项特殊才能。当然，想将一件事做得出类拔萃，也需要付出许多的努力。

音乐是人人都爱的东西，也是一个红火的行当。一些人选择音乐是因为真正的热爱，一些人做音乐是为了赚钱、出名。选择的人越多，这个行业的竞争也就越激烈，各大音乐排行榜每天都在更新，那些新人偶像的歌曲虽然长期挂在榜首，但真正广为流传、被人铭记的却几乎没有。最终能在一代又一代人心中留下印记的，都是被翻唱多次的老歌。

黄家驹、邓丽君、张国荣都已经去世多年，他们生前的荣光闪耀了整个亚洲，在当时引起了巨大的轰动，给改革开放后的中国带来了一阵新风。他们的歌动人而富有情怀，传遍大街小巷，至今依然在世界各地被人们传唱。他们是乐坛的先锋，也是两代人独一无二的记忆。

这一代音乐人为我们留下了经得起时间打磨的好作品。我们喜爱他们并不只是因为他们的个人魅力，是因为他们对自己的事业付出了全部的心血，达到了超越常人的水平。独一无二的个人魅力和独一无二的才华成就了他们的辉煌。

在工作中，我们也要做到独一无二。一家大型公司的雇员有成千上万个，每个人都像一个螺钉，有着固定的位置。如果只是“干工作”，那么这个职员就没有任何特别之处，随时可能被人取代。想摆脱这种困境，就要加倍的努力，成为最优秀的一个。

飞飞成绩优秀，毕业后去了一家外企的中国分部。进入工作岗位后飞飞发现，每一位同事都非常优秀，自己在其中毫不起眼。飞飞一下子从“优等生”变成“普通生”，心里产生了

一些落差感，只能加紧学习，希望有一天能在人群中脱颖而出。

公司迎来了一位西班牙客户。员工中会英语、日语的人不少，但西班牙语却把他们难住了，项目经理不得不准备从外面聘请一位翻译。飞飞听说以后非常高兴，因为他在学校的第二外语就是西班牙语，正好可以在这个时候派上用场。于是他毛遂自荐地帮项目部翻译资料，项目经理非常欣赏他，便让他加入了项目组。飞飞在这个项目中起到了重要作用，很快得到了提拔。

想占据特殊的位置，就要具备特殊的才能。因此多学些东西总是有用的，保持良好的状态，随时为自己充电，不要懒惰，不要随便被别人超越。只有这样，才能保证自己在工作中的地位，才能更好地发挥自己的才能。

一个人对蚂蚁进行了实验。他在田野里一处蚁穴进行观察，发现群居的蚂蚁中多数都在不停忙碌，少数的不负责劳动，到处爬。他不知道这蚂蚁有什么特别之处，便在它们的肚子

上留了记号。

他将正在搬运食物的蚂蚁群打乱,搬运的蚂蚁受了惊吓，像没头苍蝇似的到处乱爬，那些做了记号的蚂蚁很快来到队伍中，引导着蚁群重新列队，将食物运到另一个地方。他又将有记号的蚂蚁抓走，这一次，负责搬运的蚂蚁们完全乱了，都在原地打转儿，不知道该往哪里去。他将做记号的蚂蚁放回到蚁群中，这支队伍又重新正常运作起来。

研究员发现，搬运蚂蚁是工人，少几只、几十只都不会影响这个团队的运作。但那些标号的蚂蚁是整个团队的向导，少了它们整个团队就会失去方向。蜜蜂群里的蜂王，羊群里的头羊，狼群中的狼王，每种生物中都有这样特别的存在，少了它们，情况就会陷入混乱。

我们在生活中也要做一个特别的人，不要人云亦云。不要永远追着别人走，不要在吃穿用和思维上都受别人影响，要有自己的想法。独立的人格和一些常人没有的长处，这能帮助我们在人群中脱颖而出，让我们变得独一无二、不可取代。这种能力会给我们带来荣誉感，能维护我们的尊严，给我们带来快乐和成就感。

别放弃太早

人生不如意十之八九，我们遇到的不如意总是比如意多得

多。如果你已经将一件事做到了中途，无论遇到什么困难，都在坚持坚持，不要放弃太早，能撑到最后的人才有资格享受成功。人在选择放弃的一瞬间，等待他的就注定是失败，但只要不放弃，总还有一线希望。

梦想有长有短，有的一两天就能实现，有的则需要几十年。一个人如果能为一件事坚持几年甚至几十年，无论最后结果如何，他已经成功了。

19 世纪，西方的财宝有很多都通过水运运送，有一些船只在海上遇险后沉如海底，宝物也随之沉入大海，无从追回。其中就包括一艘在马六甲海域沉没的英国商船，船上装载的是从中国贩运的珍贵瓷器和丝绸。

鲍尔得到这艘船的资料后研究了很久，他准备去寻找这艘船。但海域广阔，无边无际，而且船已经沉了多年，没有踪迹可寻，寻找沉船是一项漫长而艰巨的工作。鲍尔在马六甲海峡附近寻找了八年，潜入漆黑的海底，探测了几十平方公里的海域，终于找到了它。

打捞沉船需要许多船只和人员，需要大笔的资金。鲍尔与合伙人为了搜寻这艘船花了许多钱，过程特别漫长。初期的两个合伙人怀疑沉船上的东西不值他们高昂的花费，觉得投入越多赔得越多，于是决定放弃。鲍尔只好又找了其他人合作，但打捞一直很不顺利，合伙人们都不想吃太大亏，所以大多都没多久就放弃了。

一个人劝鲍尔也放弃，不要再跟这个沉在海底的“怪物”

耗下去了。鲍尔也不是没有这样想过，但他不仅投入了八年时间，还投入了自己所有的资产，甚至还借了很多的钱，已经走到了这一步，他不能就此放弃。于是他咬着牙坚持了下来，功夫不负有心人，他最终找到了沉船。经过一个月的努力后，沉船重见天日。船上的珍宝给他带来了大笔的财富，他终于完成了寻宝的愿望。

中途放弃的合伙人得知这个消息是什么心情呢？想来不会太高兴。但他们只能怪自己，因为没有坚持到底而跟财宝擦肩而过，之前的努力和付出也全都付之东流了。很多时候，只要再坚持坚持，胜利就来了，但多数人都倒在了通往成功的路上。

一个人做了一项实验，他将一只青蛙与几只蜻蜓分别放在一个玻璃箱的两个格子里。青蛙看见隔壁的蜻蜓，便伸出舌头去吃它们，但它只碰到了冰冷的玻璃，于是它又朝其他蜻蜓发起攻击，但无论它怎么换方位，怎么攻击，它就是吃不到蜻蜓。一天以后，实验员将玻璃箱中间的挡板拿掉了，蜻蜓就停在青蛙伸舌头就能够到的地方，但青蛙却一动不动，再也不试着去吃它们了。

尝试了几次都无法成功后，人受趋利避害的本能驱使，就会放弃尝试，认为一定不会成功，没必要再白费力气。其实真正困住我们的并不是某种环境，而是这种思维方式。只有打破这种思维，勇敢去尝试，去坚持，才有可能迎来成功。

每当在放弃与坚持之间挣扎的时候，想一想那只可怜的青蛙吧！它会帮你想起自己的愚钝之处，让你找到坚持下去的理

由。适时放弃是聪明之举，但如果还没到时候，一定不要放弃太早。

行动起来

想吃桌子上的食物，靠意念是吃不到嘴里的；想在考试时取得好成绩，不学习是得不到的；想做个了不起的人，没有漫长的努力是实现不了的。想法是虚无的意念，只有靠行动才能化为现实。

1957 年《读者》文摘上曾刊登过一篇西华·莱德的文章，标题是“再走一里路”。他是一个战地记者，文章中介绍了他自己的一段亲身经历。当时正是二战时期，他与同行的人乘坐了一架运输机，在缅甸和印度的交界地被迫跳伞，他们落在了一片森林里。稍做整顿后，他们往印度境内走去。当时正是夏季，暴风雨马上就要来袭，他们必须赶在暴风雨来临之前走出森林。于是他们开始了漫长的森林徒步，那是一段艰难的路程，超过 140 英里。

当时他们都穿戴着战地装备，走出去没多久脚就被鞋里的钉子扎破了，勉强坚持到晚上，两只脚上磨得都是泡，钻心的疼。大家都受了不同程度的伤，天色也越来越晚，他们开始担心没法找到休息的地方了。但他们互相鼓励，走不动了就会有人说“我们走过这座山休息吧！”再走不动了就会有人说“我们走到那条河边喝点儿水吧！”最后每走一段就有人说“再走一英里吧！”于是，他们就靠着“再走一英里”的信念坚持到了目的地。

从此以后，这句话成了莱德的力量源泉，每当他难以坚持的时候，只要想想这句话和当时的情境，再大的困难他都能坚持下去。

戒烟戒酒并不容易，有的人有几十年的烟瘾和酒瘾。最初戒烟戒酒时，最好的办法不是一刀切，一点烟酒都不碰，而是每天都减少一点儿量。之前每天喝一斤酒，抽二十根烟；今天喝八两酒，抽 16 根烟；后天喝七两酒、抽 14 根烟。这样循序渐进的方法虽然会引起不适，但比较轻微，在能承受的范围，更容易接受。随后继续一点儿点儿减少，就能成功戒掉烟酒了。相反一步到位的方式则会让人抓心挠肝，痛苦难耐，大多数人都会受不了心理上的空虚和折磨，于是又重新开始吸烟喝酒。由此可见，做一件事时，一定要一步一步地按计划进行下去，只要不停，总有成功的一天。

每件事的结果都不是一蹴而就的，都是由许多过程叠加形成的。所以不要忽略任何一个步骤和过程，着手去做才能清晰地看见事情的发展进度，感受到离终点越来越近。

思想是圆规的轴，行动是圆规的腿儿，圆规轴转一万圈也在原地打转儿，只有配上圆规腿儿，才能画出大大小小的圆来。没有行动只有幻想的人是无法做成任何事的，永远不要只看到事情的结果。看到一个人的成就，要想到他是走了多少步才抵达彼岸的。行动能帮助我们了解每件事情的不易，让我们变得更勤劳，更积极。

少抱怨多行动

考试成绩差了你会对人抱怨吗？跟同学有矛盾了你会抱怨吗？你会事前长篇大论地分析，事后找各种的借口，将责任推给旁人吗？抱怨是这世界上最没用的事，只能给别人增加烦恼，对结果一点帮助都没有。有抱怨的时间，不如静下心来，想想如何将失去的弥补回来。

一个业务员因为没有处理好关系丢掉了一个重要客户，被领导训斥了一通，并且被取消了年终奖励。业务员气得不轻，到处跟人抱怨，先说客户如何蛮横无理，再说领导多么不近人情，自己多么倒霉，人生多么不顺，这样的工作不干也罢。周围的人反复地听他抱怨，都心生反感。一个朋友忍不住问他：

“这几件事里，你自己就没一点儿错吗？你这样每天心怀怨愤地去工作，想没想过领导可能也不想用你了。”

业务员被朋友的话惊醒了。丢了客户是因为他当时没有弄清楚产品特性，耽误了对方的进度；领导生气是因为这个客户很重要。客户生气了，他分明可以去想补救的办法，补救好了领导自然不会罚他，说不准还会觉得他应变能力强而重用他。他不但没有想到，还四处抱怨，让事情演变得更坏，现在大家都知道他不理智又心胸狭隘了，真是得不偿失。

一个人的情绪是会影响到别人的，他愉快就会给身边的人带来喜悦，做什么都身心轻松；他伤心愤怒就会让别人也心情低落，影响工作，说出来的伤人话也没法收回。所以要学会去控制情绪，将抱怨的话想办法自己消化掉，将愤怒的时间省下来用到实际的行动上去，将事情引到好的一面去。

每当心怀愤怒，想对人抱怨的时候，就反省一下自己在整件事中所犯的错。古人有言：“自知者不怨人，知命者不怨天，怨人者穷，怨天者无志。”足见常抱怨的人都不会有大成就。而那些真正有大智慧的人，根本不会怨天尤人，即便我们现在做不到，也应该培养心智，以古人的大智慧为鉴。

我们所经历的苦难都是在磨砺我们，帮助我们成长的。只要这样想，许多事都不那么值得我们愤怒了，抱怨自然也就没了。行动起来吧！行动不仅能转移我们的注意力，把杂念从我们心里挤出去，还能让事情往好的方面发展。和爱抱怨的人相比，一个善于行动的人不是可爱多了吗！

SECTION

第七章

不断学习，才能成功

每个人从婴儿时期开始，就需要不断学习，从吃饭、穿衣到工作、学习。我们不停地接触一些新事物，便需要不停地学习。无论顺境、逆境，只要肯学习，都能给我们带来收获。对想要有所成就的人来说，学习更是终身必修课，只有在学习中不断地提高自己的能力，不断成长，才能离成功越来越近。

在磨难中成长

磨难使人痛苦，但也帮助人成长。每一份磨难都是我们的老师，只要愿意向它学习，我们总能发现自己的不足。在面对磨难时，不要气急败坏，不要将其当作伤疤，要平和面对，反思因果，总结经验，不断完善自己，提高能力。

一个人的心态很差，遇到一些问题就退缩，总觉得自己运气不好，别人浑身都是缺点，什么事都很难做成。他不停向身边人抱怨却不反思自己，渐渐地陷入抑郁，无法自拔。

一个朋友邀请他到家里做客，希望能帮他振作起来。朋友趁着聊天的时候在厨房煮了东西，不一会儿就有香味儿飘了出来。朋友将他拉到厨房，揭开盖子，让他看锅里煮的东西，分别是一个鸡蛋、一根黄瓜和一包茶。朋友将一双筷子递给他，他以为朋友让他吃，苦着脸摇头。

朋友将锅里的东西捞出来。“你觉得这三种东西煮完怎么样？”

“反正不会好吃！”

朋友笑了，首先用筷子夹了一下黄瓜，已经煮烂了。随后她又磕开了鸡蛋，剥出一颗洁白的熟蛋来，最后，她拿了两个杯子，倒了两杯热茶。问道：“发现不同了吗？”

他说：“不一样的东西，当然不同！”

朋友说：“没错！不一样的东西，即便用一样的火、一样的水煮相同的时间，得到的结果也完全不同。黄瓜水嫩，但熟了就烂得一塌糊涂；鸡蛋易碎，但熟了反而不易碎了，内里也弹滑硬挺；而茶……煮之前不过是些干叶子，煮了就弥散出了清香，任人品鉴。你想做哪一个呢？”

他望着桌上的三样东西，思量良久后端起了茶杯。他明白，之前自己的表现无异于这黄瓜，受了点挫折就变烂了，连他自己都不喜欢。他要调整好心态，变成泛着香气的茶，越经热水滚过越散发香气，而不是黄瓜，看着水嫩，一煮便烂了。

生活里，磨难永远不会缺席。如果一个人一直生活平顺，要什么有什么，不曾走向低谷，那么他就无法体会登上顶峰的快感，也无法成长为一个强大的人。磨难是我们人生路上必须遭遇的一个个敌人，若我们遇到一个就沉沦于痛苦和抱怨中无法自拔，那么就败给了它，又怎么战胜后面的敌人走

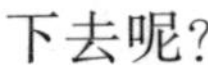

下去呢？

有人遇到困难就畏缩不前，有人经历失败后就一蹶不振，推卸责任，抱怨连连。这些人的内心都是脆弱的，要么缺乏勇气和自信，要么悲观消极，很难有什么大的成就。有人经历变故后很快能走出阴霾，总结经验，重新开始，这样的人乐观积极，遇到什么样的风雨都能平稳度过。磨难是上天赠予我们的残忍礼物，让我们为难困苦之余，也会带给我们成长，让我们越来越坚韧，越来越强大，越来越有勇气。

暴风来临时不要恐惧，试着找到风眼，在其中体会安宁。

学习，一堂终生必修课

在中国，每个学生从小学到大学毕业，要在学校度过近16年的时光。在这16年时间里，我们学习了许多许多知识，从基本生活常识到深奥的科学理论都装进了我们的大脑，但我们时常觉得这些知识能在生活中用到的很少。于是，我们产生了一个疑惑：我们花那多时间有什么用呢？很多人在学校成绩很好，受到同学的钦佩、老师的褒奖、家长的肯定，但这就是我们学习的目的吗？

上学时，我们每个人都投身在学习里，每天穿一样的校服，吃一样的饭，住一样的寝室，答一样的试卷，似乎只有成绩有差异。高中毕业后，平时要好的同学有的回家工作，有的去了

专科院校，也有的考去了一线城市。大学毕业以后，我们的生活又发生了变化，有的被招进了大型企业，开始了流水线上的工作，经常倒夜班；有的被家人安排到待遇好、工作轻松的岗位上一劳永逸；有的坐在办公司，埋头苦干，等着慢慢熬出头；也有的进了创业公司，经常到各地出差。一出校门，我们的生活就天差地别，跟成绩再也没有关系。

工作之初，面对不公的待遇和坎坷的道路，我曾充满愤怒，开始怀疑自己被骗了。学习有什么用呢！工作里不按成绩分先后，只有残酷的竞争和无休止的忙碌。学习就像大人们营造出的结果，里面画着海市蜃楼的美景。他们告诉我们只要学到尽头就能走进华美的宫殿，但实际上什么都没有，空浪费我们十几年的青春，该玩儿的没有玩儿，该享乐时没有享乐，该自在的时间都被逼迫着读写些没用的书了。

但渐渐地融入工作和生活以后，我们的疑问被打消了。当你连复印机都不会使用时，你会发现，一个在学习上“浪费”了很多时间的人，却依然有那么多不会的东西。周围的人忙忙碌碌，他们噼噼啪啪地整理着电脑上的资料，你却连做表格都陌生；他们给客户改图纸的时候你却连图纸都看不懂；他们快速地做出预算给客户报价的时候，你却连单子上的东西都不知道是什么；他们打好三份演讲报告的时候，你却连开头还没想好……

学校的学习结束了，但生活和工作里的学习才刚刚开始。学习是浪费时间吗？当然不是，反而是为了省下时间，所以我们必须更努力地学习，将自己不会的东西统统弥补回来。那些遗落在十几年学习生涯中的东西都是没用的吗？不！它们已经变成了工具，形成了逻辑思维，融入了我们手头的每件事里。数字计算，整理资料的方式，报告简介，与人沟通 ...... 所有的细枝末节上都流淌着我们多年学习积累下来的知识，那些曾经被我们认为无用的东西都开始潜移默化地影响我们的工作和生活。

学习是没有止境的，只要我们希望自己的生活变得更好，每天都有所收获，就需要不停地学习技术、思维、待人接物，每一样都不能遗落。

有人学习是被动的，为了维生，为了工作，也有人对生活充满热情，不停地去主动学习一些东西。四五十岁的领导们依然会报培训班学习商务知识，六十岁退休的老人还在拉丁舞班里学习新动作，七十岁的大爷学习如何使用手机聊天儿……老人们尚且如此，作为一个年轻人，我们怎么能丧失学习的动力呢？只要我们每天都从学习中收获一点儿，掌握的东西就会多一点儿，就比别人多一个机会，多一份成功的可能。

学习能帮助我们拓宽视野，培养自己的逻辑思维，更深入地了解这个世界，有能力判断事物的好坏，找到正确的方向，需要做决定时知道如何去选择。我们学过的所有知识都像氧气一样，被我们呼吸进身体里，随着我们的血液流动，从细枝末节开始，深入地影响着我们。

学习的效果不能立竿见影，但那些融入我们思维的东西已

经成了我们的一部分，增长我们的见识，提升我们的能力。不要因为一些东西无趣就不去学习，也不要因为难以理解就轻易放弃，等到用到这些知识的时候，我们会悔恨“书到用时方恨少”。哪怕是一些杂文怪谈、偏门的知识，只要遇到，也可以多思考片刻，因为说不准哪一天这些东西就会在你的生活里起到大作用，你会感激自己当时多学习了一点儿。

学习并没有捷径，只有不断地学习，不断地积累才能促使我们不断成长，让我们在遇到问题时有能力解决。

学习是增长见识的过程，让我们从不知道到知道，再到了解、熟悉，最后可以掌控一些事物。在此过程中，我们的视野得到拓宽，判断事物也会更客观。宽广的知识面会帮助我们将一件事情看得更全面，更透彻，避免我们钻牛角尖儿，做出错误的判断。见识让我们从细节上发现事物的变化，更有益于我们预测发展，洞悉本质，更快速有效地解决问题，预防危害。一个有见识的人，即便遇到突发事件也不至于慌乱，发生坏事也能及时扭转。想大气沉稳，波澜不惊，就要有足够的能力和见识，而所有的能力和见识都是在学习中一点儿一点儿积累起来的。

学习会给人带来很多惊喜，了解一件新鲜事儿时我们会感叹：原来还有这样的东西！学会一个新方法时我们会想：居然还有这样的方法！每学习到一个新东西，都会给我们带来一分力量。乐于学习的人一定是充满好奇心或不甘落后的人，他们敢于尝试新事物，也能看到不同的风景。

一个人如果想跳出当下的环境，想成为更好的自己，就必须不停地学习。在学习中打破自己固有观念，深入思考，获得新的收获，培养新的逻辑，进而看到更宽广的世界。

每件事都有因果，我们想取得好的结果，就必须以好的起因去诱导。无论是想要看更大的世界，还是做更有意义的事儿，过更好的生活，都必须经过不断地学习，不断地提高自己的能力才能实现。所以，学习是我们的终生必修课。

培养勇气，直面风雨

我们经历的失败总是比成功多，不开心的事儿总是比开心得多。好的东西就像一片绿地上零星开着的小花儿，想要看花儿，就要必须走过茫茫草原，只有有勇气和毅力才能的人才能做到。

医院里病人很多，一间病房里，一个年轻人和一个老人隔床而卧。两人成了病友以后经常聊天儿，老人非常健谈，跟年轻人讲了许多自己年轻时的经历。

老人成长在战乱时期，流离失所不说，还被炸弹炸伤了腿，好不容易战乱结束安稳下来了，又因为动乱闹得妻离子散。后来，他的儿子又去世了。年轻人听着这些久远的故事不禁心疼起老人来，但老人却并不苦恼沮丧、愤世嫉俗，反而很平和风趣。

年轻人不禁问道："您一生的遭遇这么坎坷，怎么还能保持现在这样的好心态呢？"

老人笑了笑，从书里拿出一片叶子，"你看这片叶子。"

年轻人从老人手中接过叶子，叶子上被虫子咬出两个洞，斑驳的叶肉中间延伸的纹理清晰可见，如同心脏上的血管。

"发现特别之处了吗？"老人问。

"像人心，但所有的叶子都有这样的纹理呀！要说特别，只有两个虫子蛀出的洞了。这片有什么特别吗？"年轻人不太理解。

老人将树叶接回来，"人就像这些杨树叶，一眼看去没什么不同。每年春天发芽，秋天落下，在地里腐烂，第二年又会长出新的，周而复始，每一片都需要阳关雨露。不同的只是有些完整落地，有些倒霉一些，遇到了虫子，被咬出两个洞来。但有了这两个洞它就选择落地或者枯萎吗？它就不吸收阳光，不生长了吗？"老人摇摇头，"当然不会！它依然活着，跟其他叶子一起落地，一起干枯。它记得自己有两个洞吗？当然！想起来可能也隐隐作痛，但它还是茁壮生长下去。生命不就应该这样吗？”老人将树叶朝向阳光，两束光顺着孔洞照在他脸上，“你看，这两个洞里有光。”

年轻人久久盯着老人孩子一般的脸，琢磨着老人的这番话。老人再次将那片树叶递给他，“送给你吧！”

年轻人将这片珍贵的树叶默默收好，看着自己受伤的腿，阴郁的心情消散了很多。之后，他将那片树叶做成了钥匙链儿，随身携带，每当艰难时都拿出来举在太阳或灯光前，透过两个孔洞看一看那两束透过来的微光。

赶走懒惰

享受舒适是人的本性。不想起床，不想走路，不想干活……人本能地逃避让身体疲乏的事情。但生物想活着就不可能什么都不做，植物每天进行光合作用转化能量，动物需要觅食，人类需要工作谋生。懒惰就成了我们每天要对付的敌人，只有克服懒惰，行动起来，才能做自己想做的事。

普通人懒惰就会坐吃山空，生活潦倒；有天赋的人懒惰更是浪费才华，一事无成。懒惰会消磨人的意志，放任自己的懒惰不加以克服就会变得越来越懒，最终成为别人的负担，被人讨厌。

一个青年很懒，什么工作也干不长，没有收入来源，爸爸觉得他再这样下去连生活都维持不了，便求人给他找工作。大家都不愿意给一个懒人介绍工作，最后父亲只好求到一位老友，将儿子送去了墓园，让他在那里做看守，每天什么都不用做，只要坐在门口就可以了。

但几天以后青年就跑回家了，爸爸不解地问："这么容易的工作，为什么又不干了？"儿子说："怎么轻松了！我还要每天坐着，墓园里其他人都躺着。"这件事传出去以后，大家哭笑不得，再也没有人给他介绍工作了。

在工作和学习中，我们不能被懒惰支配，不思进取。什么都不干，不然我们很快就会被别人远远地甩在后面，跟不上队伍的人只有一个结局——被淘汰。

当我们每天早晨六点半还窝在被窝儿里不愿意起床时，街上已经车水马龙。仔细去观察，会发现那些成功的人没有一个不是清晨就出发，很晚才回家，成就他们的除了才能，还有勤奋。

一个领导嘱咐自己的下属："每个人都希望多歇一会儿，少跑几趟，在深夜接到工作电话都会愤怒，但那些在深夜需要帮忙的人能给你打电话，足见他对你很信任。无论是同事还是客户，我们都应该认真对待。如果因为一时偷懒将这份信任弄丢了，想再建立起来就很难了！所以在工作里，不要因小失大，勤快、机灵的人，到哪里都会受欢迎。"

赶走懒惰，勤奋地工作和生活吧！多花出来的时间，多付

出的劳动都会变成基石，帮助我们走上成功之路。

永远心怀希望

希望是黑夜里的一束光，是寒夜里的一碗汤，无论情况有多么糟糕，只要我们心里还存在一丝希望，就永远有机会翻盘。

汤姆喜欢探险，他与一群队友一起进入了一片沙漠。走到一片沙丘附近时，他们遭遇了沙尘暴，大家四处躲避。汤姆滚到了一处凹地里，等他醒来的时候，发现队友们都不知道哪儿去了。他马上清点了一遍自己的装备，什么都在，但水壶里的水却不多了。这就意味着他必须尽快追上走散的队伍或者找到水源，否则他将死在沙漠里。

汤姆出发了，干热的沙子烘烤着他的身体，汗水顺着他的脖颈流下来，他翻过了两片沙丘，四下张望也没见到人影。天黑之前，他在一个背风处停下来，喝水休息，准备第二天继续找。第二天依然是茫然的一天，汤姆的水已经要喝完了，他感觉自己已经被热气蒸干了，全靠意识在走。忽然，他看到了远处有一片绿地，汤姆以为看到了希望，开心地飞奔了几步，却发现那只是一片海市蜃楼。

汤姆喝掉了最后一点儿水，手脚并用地爬了一段以后终于没有力气了，顺势滚到一块阴影里。他觉得自己可能要死

了，他回想起了自己的队友和家人，他甚至出现了幻觉，看到妻子在一处绿地里坐着。那绿地那么真实，好像有水汽吹来，他睁大了眼仔细去看，发现那片绿地竟然是真的，隔着一片沙海与他对视。那一瞬间，他的身体爆发出强大的能量，他拼死爬到了绿洲附近，喝到了清凉的泉水。

几天后，他得救了。当地人说是神明保佑他，但汤姆知道，得救与神明无关，是他一直抱有一线希望，求生欲让他的精神超越了肉体，才得以在最后一刻坚持下来。

当你心生绝望时，这件事就结束了；当你心怀希望时，这件事才刚刚开始。永远不要放弃希望，那是我们的动力源泉。

多开动脑筋

许多人一生碌碌无为，既没有舒心生活，也没有什么成就，他们没有大才能，也无法处理好工作和生活，出现一些变故就难以应对，始终处于彷徨与不安中。这样的人无非是失败的，这种失败不是来源于他们的平凡，而是来源于他们的堕落和无力。他们遇事时很难做出最好的选择，因为他们没有去思考，或者思路不对。随波逐流、混混沌沌也能混日子，但谁不希望把一生过得特别呢？为此我们必须多看，多想，多分析，只有这样，我们才能掌控全局，独树一帜。

一个法国小镇的街头站着个男人，他在墙边清出一块空地，拿着一只戒指在原地转来转去，吸引了很多人的注意。他向周围的人展示手中的戒指，对他们说："这枚戒指上镶嵌的宝石价值六千法郎，一会儿我会将戒指粘到墙面上，如果谁能徒手抠下这枚戒指，就可以将它带走。"说完他倒了整瓶胶水，将戒指按在墙上。路过的人跃跃欲试，争先恐后地过来抠，但没有人成功。于是，这个男人在戒指下贴上一则声明：只要有人能徒手抠下胶水里的戒指，便可以将戒指带走。

这则声明其实是一份胶水广告。这个男人来到镇上卖胶水，但生意一直很不好，于是他想到了这个办法来宣传他的胶水。这个办法的效果格外好，当天全镇的人都知道有这样

一枚戒指了，纷纷去抠，但都没有成功。越是不成功，那强力胶水越是让人们耿耿于怀，所有人的印象里都有那么一管能把戒指粘到墙面上的胶水了。此后，只要需要用胶水，大家都会到他的店里去买，原本冷清的小店儿也热闹起来。

一件事如果不顺利，自然是有它不顺利的原因，那么设法去找到原因，开动脑筋，想一个好的解决办法，难题自然会迎刃而解。

一家首饰店的生意很不好，老板一直没有想到什么解决的办法，有一天，电视里播报着王妃的衣着配饰，他忽然有了主意。

老板悄悄地放出消息，说王妃要光临他的店铺。到了晚上，他的店铺已经簇拥了很多人。一辆豪华的轿车缓缓地从远处驶来，司机为后座的女士开了车门，王妃从车里走了出来，优雅地对跟她打招呼的人点头，一个青年甚至跟她握了手，人群不断向前聚拢，围着王妃打转。警察不得不出面将人群隔在外围，人们都在原地观望，看着她缓缓地走进店里。

老板微笑着出门迎接她，一边说着客套话一边为她介绍产品。外面的人隔着玻璃窗看着王妃试了一件又一件饰品，戒指、项链戴在她身上仿佛都格外华美。王妃一边点头一边称赞，最后挑了两件离开了。整个过程都被窗外的摄像机录了下来，第二天便在新闻上播放出来，引起了很大的轰动。

这则新闻成了最佳的广告。许多崇拜王妃的人纷纷涌向这家珠宝店，王妃试戴过的首饰瞬间被抢购一空，平日里门可罗雀的小店儿一下子火爆极了。不到一周时间店里就卖出了开店几年的销售总额，成了炙手可热的抢手品牌。

但很快皇室便发了一份声明，说王妃那一天根本没有出过门。在大家看来，珠宝店的老板是欺骗大众，欺骗顾客，很可能遭到起诉。谁知老板直接承认说："那天王妃确实没来过。只是那位客人跟王妃太像了，我也没有认出来。"原来那位客人是老板安排的，因为长相、身材、气质都跟王妃极其相像，所以就让她装扮成王妃演了一出戏。而电视台的视频是从窗外拍摄的，一句对话也没有，所以也没有人证明老板说谎。老板将一切归罪于误会，将事情掩盖了过去。但他的广告效应已经实现了，移花接木的主意到底让他的小店儿起死回生了。

摆正心态，努力进取

心态决定着一个人能否成功。积极的人做什么都充满干劲儿，遇见困难也能乐观面对，很容易成功。而消极的人则畏首畏尾，满心质疑，遇到困难时很容易退缩，所以大都容易失败。

想要调动起好心态就不要思虑过度，怀疑自己，沉浸在失败的臆想中。只要抛开杂念，一心一意去做，就会离成功越来越近。

贝克是学习建筑专业的，毕业后想找一份相关工作，但当时建筑行业正走下坡路，许多公司都在裁员，连一些工作多年的从业人员都很难找到工作，他没有经验，更没有人愿意聘用他。

贝克多次面试失败，深受打击，但他不想转行，于是准备自己开办公司。他能筹到的钱有限，只能开一家小公司。但是建筑市场非常有品牌观念，大家都不愿意找小公司来做，贝克的公司很久都没接到生意。但他不气馁，想方设法联络关系，为公司做宣传。功夫不负有心人，他终于取得了客户的信任，接到了第一笔生意——五千美元建一座房子。但他很快发现这是一笔赔钱买卖，因为没有经验，他将材料费估低了，最后靠自己垫钱才将房子建完。赔了一千多美元本是件懊恼的事，但贝克想：虽然赔了点钱，但经过这次我就有报价经验了。之后的几个工程他便调整报价，很快便赚了钱。渐渐地，公司走上了正轨。

每件事都有两面性，有人将坏的一面放大，也有人将好的一面放大。贝克找工作不顺利也不绝望，反而另辟蹊径，选择自己创业。生意赔钱也没有让他气急败坏，反而从中吸取了宝贵的经验。有这样的好心态，无论面对什么事都能迎刃而解。

莫德克喜欢棒球，少年时就梦想进入棒球联盟。但他不幸在工作中受了伤，右手的食指被夹掉了大半，中指伤到了筋骨。这对于一个想做棒球投手的人来说，无疑是致命的打击。所有人都觉得他再也实现不了自己的投手梦了。但莫德克却不绝望，他调整好心态，开始练习用剩下的三根手指投球。他知道想成为职业队员自己必须加倍努力。经过艰苦卓绝的训练，莫德克终于成为一名专业棒球运动员，进入当地球队做了三垒。

在一次训练中，莫德克负责从三垒给一垒传球，当时教练就站在一垒身边，他清晰地看见莫德克投出的球画了个完美的弧度落在一垒手中，又快又精准。这让教练大为惊喜，“莫德克，谁能接住你这又快又准的一球呢？你的控制能力太强了，打出的旋转太漂亮了，你简直是天生为棒球而生！”

莫德克投出的球速度快，角度刁钻，还会浮动，很少有击球手能打中，这恰恰是他受伤的手指带来的优势。不久莫德克便名声大噪，成为美国最伟大的棒球投手之一，他的三振和成功球纪录都是棒球史中出类拔萃的。

莫德克没有因为受伤而气馁，他付出了异于常人的努力，将自己的劣势转化成了优势。他的成功既有赖于他的天赋和对梦想的执着，也要归功于他良好的心态，勤奋的努力。

一个人成功与否不能依照一次的成败来评判，如果这次成功一蹴而就，甚至存在侥幸，那么这样的成功并不值得敬佩。

如果这一次成功是经历了漫长的跋涉和坚韧的奋斗，中途克服了许多的困难才实现的，那么即便这个成功看起来没那么闪耀，也足以换来掌声和尊重。

创新带来乐趣

走一条一成不变的路是很无趣的，创新不仅能拓宽道路，还能增添生活的色彩。在一条无人的路上留下脚印，是一种大胆的冒险，也是一种了不起的突破。开创一件特别的事物除了需要特别的思维，还要付出特别的努力。如同一个拓荒者，要有孤军奋战的勇气。这些人一旦抵达了彼岸，也能欣赏到特别的风景，其中的快乐是旁人不能体会的。

这世界上总有人不安于现状，走上创新之路，他们中只有少数人能够成功，但正是这些人引领着社会前进的脚步。他们的成功被刻进丰碑里，供后人仰望，也为后人照亮前进的路。

瑞士苏黎世联邦工业大学的数学老师明科夫斯基有一位著名的学生，名叫爱因斯坦。爱因斯坦智商极高，又善于思考，在许多问题上都有深刻的见地。明科夫斯基非常喜欢他，便常常与他讨论哲学和科学问题。

爱因斯坦曾经问明科夫斯基：“如果我想在科学和自己的人生中都留下独特的印记，该怎么做呢？”

明科夫斯基也没有答案，他深思了三天以后去找爱因斯坦，激动地说：“我知道怎么做能实现了！”

爱因斯坦也兴奋起来，拉着他问：“怎么做？”

明科夫斯基支支吾吾地说了半天也表达不出自己的本意，便带着爱因斯坦来到了一处工地。工地上有一条刚刚浇灌了水泥的路面，明科夫斯基一脚踩了上去，平坦的水泥地面立即印出一个脚印。

爱因斯坦不明就里，问道：“您这是耍什么鬼把戏？”

明科夫斯基点头，指着自己踩出的脚印说：“对！鬼把戏！没有人耍过的，才能烙下印记。”明科夫斯基沿着水泥路走下去，一边走一边说：“那些已经成型的地面，每天都有太多只脚踩来踩去，已经什么都留不下了，只有这样尚未成型的路，一脚踩下去才会深深烙下一个脚印。所以要走那些没有人走过的路，做那些没人做过的研究。”

爱因斯坦将这番话放在心里反复地思量了几遍，对明科夫斯基深深地鞠了一躬，“谢谢您，老师，我懂了。”

爱因斯坦终身都在贯彻这一理念。他对未知领域有着强烈的探索精神，他这样总结自己：“我不会死记硬背那些书上的道理，因为我只思考那些尚未被研究出来的东西。”

爱因斯坦毕业之初在专利局做了几年小职员。虽然工作在各个无关紧要的岗位上，但爱因斯坦在物理学理论上高歌猛进，一个人开创了三个新的领域，而且这些理论几乎是同时进行的。他打破了被奉为金科玉律的牛顿力学，提出了光量子学说和狭义相对论，那一年，他 26 岁，被世人视为物理

学奇迹。爱因斯坦践行了他的话，在科学道路上留下了一个深刻、清晰、后人难以逾越的印记。

创新意味着探索未知，许多人能力不足，许多人没有勇气，能走上这条路的人并不多，但人类从没有停下过探索的脚步。想在未成形的路上留下印记，就要蓄积力量，在机会来临时，勇敢迈出第一步，坚定地努力下去，总有成功的可能。那时，等待我们的将是不一样的风景。

选对路

想成功，首先要选对目标，然后努力去践行，顽强去坚持。只有第一步选对了后面的努力才不会白费，才能抵达胜利的终点。

哈迪小时候学习很不好，他竭尽全力也只得到及格线的成绩。老师找到了他，对他说："哈迪，你很努力，但你的成绩始终没什么突破，你觉得学习还能带来什么进步吗？你有什么打算呢？"

哈迪难过地掐着自己的衣襟说："我真的一直都在努力，但我太笨，怎么也没有办法提高。爸爸妈妈对我的期待很大，我让他们失望了。"

老师拉起他的手说："不，哈迪！你并不笨，只是你可能不适合学习而已。别灰心，谁都有做不好的事，但也有能做好的事。你能做好什么需要你自己去发现，去找到它吧！总有一天，你会让爸爸妈妈骄傲起来的。"

老师的话为哈迪打开了一扇新的大门。哈迪退学了，他出门闯荡，尝试过各种各样的工作，终于找到了自己擅长做的——园艺。他非常热爱那些美丽的花草，他修剪的花草干净利落，造型精美自然，见过的人都称赞不已。不久他得到了一个“花园魔术师”的称号，请他打理花园的人也多了起来。

哈迪非常热衷于园艺，走在路上也会观察路边的花园，在心里默默地想怎样打理更好。市政办公处的外面是一片荒地，哈迪总觉得那里被荒废很不美观，能变成花园是再好不过的事了！于是他向参议院提交了建议书。但他得到的回复是没有钱。哈迪告诉他们：“不需要拨款，只要一个许可，我可以自己完成。”参议员听说不要钱非常吃惊，不需要支出的美化工程，他们非常乐意接受。哈迪很快便收到了许可。

哈迪仿佛得到了一块大蛋糕一样开心，马上就开始了设计。他从朋友和工作过的庄园要来了树苗和花枝，在各个角上栽种起来。朋友们听说了他的伟大工程都非常感兴趣，有时间都会来帮他，还为他提供花肥和种子。

荒地一天一个样，很快就被青草地和高低起伏的花树覆盖，一扫从前的衰败，变成一片花蝶飞舞的美丽花园。周围的人们都被这片花园吸引了，孩子们都用崇拜的目光看着哈迪这位“花园魔术师”。这个花园落成以后，大家都知道有这样一位了不起的园艺师了。

之后，哈迪在园艺上大放异彩，参与了许多庄园的园艺设计和改造。他心里非常感激当年那位老师，如果不是他的教诲，

自己可能会一直在学校里做一个怎么努力也没什么进步的学生，干一份做不好的工作。他有今天的成功，完全是因为找到了合适的目标，也实现了自己的理想，成了让父母骄傲的人。

如果你想找一个吃饭的地方，第一你要知道自己想去哪一家店，第二你要知道怎么走，只有确定正确的方向和实现方式，才能抵达终点。

敢于立志

一个人要敢于去想，敢于去立下志向，这是成功的第一步。

1928 年，麦当劳兄弟来到加州，起初他们开了一家小型电影院和一家配套的汉堡店。电影院的生意不太好，但汉堡

店却门庭若市。当时每个汉堡只卖十五美分，他们的汉堡店一年竟然卖出了二十五万美元。两兄弟商量以后放弃了电影院，直接成立了一家汉堡公司，取名麦当劳。

克罗克家境贫寒，没读完高中就辍学了。1954年时，克罗克经营了一家纸杯厂，为了联络客户，他对快餐店颇有研究。克罗克在推销纸杯时发现汉堡很有市场，于是选中了麦当劳公司。

他从麦当劳公司买了销售专利。汉堡店配套推出了炸薯条，很受年轻人的青睐，销售情况很好。克罗克又将薯条的专利买了下来，并且开始扩张汉堡业务。几年后，汉堡店开到了数百家。1982年，他手中的麦当劳股票市值已经高达3亿。

随后，麦当劳公司的业务推向全球，美国的分店超过六千家，全世界的分店则多达几万家，每天销售的汉堡超过2亿个。麦当劳公司成了全球最大的汉堡公司之一。

克罗克因为纸杯而了解了快餐行业，进而投资了麦当劳公司，使其不断壮大发展，取得了惊人的成绩。他的成功离不开他的眼光和魄力，敢于设下目标便是成功的开始。

我们也要有勇气为自己设立远大的目标，但不能脱离实际，天马行空地去想，要从实际出发。如果不确定自己是否有毅力长久坚持，我们可以从近处着手，做自己擅长的，或者将一个大目标分为若干个阶段，这样完成每个阶段都能有一个喘息的时间，也能享受一下完成小目标的成就感，这样的方式更容易坚持下去。

切忌畏首畏尾，自我否定。

你今天有收获吗？

我们给自己设立的许多目标都是需要很长时间才能实现的，为了更容易坚持，我们可以将这个目标切割成很多份儿，一份儿一份儿地去完成，每天检验自己的成果，督促自己继续努力下去，质量管理学家戴明有一个经典理论——每天进步一点儿点儿。我国古人有云："不积跬步无以至千里，不积小流无以成江河。"都是告诉我们，将微小的努力积累起来才能实现高远的目标。

每周读一本书，一个月就是四本，一年就是48本，十年就是480本。也许一本书对一个人的思维不会产生太大的影响，但四百多本书呢？一定足以让我们受益终身。

不爱学英语的人如果每天背5个单词，一个月就是150个，一年就是1800个，五年就是9000个，有了这样的词汇量，学习英语还会像想象的那么难吗？

学一种技能，每天专心研习两三个小时，五年以后我们一定会对这项技能有所领悟，十年以后我们就会变成这个行业的精英。

我们付出的每一分钟都是有意义的，只要长久地坚持下去都会带来丰厚的回报。

巴克尔家里很穷，很早就退学了。但他很爱学习，对什么都充满好奇心，于是他一边打工一边找各种书籍来看。大家废弃的报纸、过期的杂志也都是他的最爱，他还很喜欢去听大人们聊天儿，听他们讲一些趣闻。渐渐地，他很渴望到走出小镇，看一看外面的世界。

多年后，巴克尔不仅走出小镇，还去了美国。他在那里安家生活，让孩子们都接受教育，还告诉孩子们也要保持好奇心。

巴克尔很会利用时间，每天晚上临睡前一定会看书，他觉得一个人如果利用不好这段时间就一定不会有什么出息。他对孩子们说："每个人生下来时都是一样的，什么都不会，但我们每一天都会学习，都会进步。学习和进步决定着我们的将来。不想过平庸的一生，就要每天都有所收获。"

巴克尔让孩子们每天晚饭前都说一样他们学到的新东西，说完了大家再开始吃饭。他还会随时问孩子们这一天有什么收获。这一天他便问到了费利斯。"孩子，你今天有什么收获？"

"今天我捉到了一只蜻蜓。"费利斯回答。

巴克尔笑着点点头，"嗯，听上去很有趣！"然后他想起什么似的问妻子："你捉过蜻蜓吗？"

妻子对于这样的场合习以为常，总是能适时活跃起氛围来。"蜻蜓？太有趣了！我没试过，连见都很少见到。"

巴克尔便接话说："费利斯，我和你妈妈都很想试一试，不如你教我们捉蜻蜓吧！"

费利斯兴致勃勃地给大家讲起了捉蜻蜓的办法，父母连连点头，兄弟姐妹们不时地插话询问。费利斯当时并没有体会到父母的用心良苦，只是觉得好玩儿。多年后，当他回想

这一幕时才发现，在温馨的餐桌上与家人们分享自己的收获是一件多么幸福、有趣的事，那种乐趣使得他们始终保持着一种好奇心，也乐于每天都去学一件新事物来跟大家分享。

费利斯大学时选择了生物学，并以优异的成绩毕业。他的老师是一位著名的生物学家，这位老师像他父亲一样，教导他每天都要有一点儿进步。

想每天都取得一点儿进步，就必须严格地要求自己。在此期间，总会有一些念头冲上脑海：今天不学习行不行？一天不学没什么大不了的？这时，如果我们不能战胜自己，中断了学习，就会成为一个不好的开端，以后每次停下来时都会觉得没什么大不了，渐渐也就坚持不下去了。为了不半途而废，我们一定要克服惰性，随时提醒自己学习的意义。

过去的每一天都已经无法改变，如果今天没有收获，就会变成浪费掉的昨天。时间是留不住的，但是我们从每一天中得到的收获是可以伴随我们一生的。

时代飞速发展，想不被时代遗落，就必须不断地学习，不断地进步。如果只按部就班地生活，不想学习，不想改变，那么我们很快就会被社会淘汰。即便我们干着一份看上去稳定的工作，周围的人都安于现状，我们也不能跟他们一起沉沦。谁能保证在这样一个快速发展的时代里，一家企业永远不被淘汰，一份工作永远不被取消呢？即便真的可以永远喝茶看报，你就甘心退休后过着同样漫长的几十年吗？不想看看外面的世界发展成什么样子了吗？不想自己也去做一些了不起的事吗？

所以，无论如何都要坚持学习，增强自己的能力，只有这样，在命运的十字路前，我们才有权利做选择。

生活不是武侠小说，没有什么秘籍可以让我们一瞬间学会横扫天下的绝学。想提高能力，必须从点点滴滴中去积累知识，一砖一瓦地建起自己的知识大楼，不勤于学习是无法实现的。

时间是宝贵的，如果浑浑噩噩地过下去，一年也不过眨眼间的功夫，如果合理地利用时间，每一分钟都会有收获。一些比你优秀的人都在努力，你还有什么资格怠惰下去？所以从现在开始，打起精神吧！趁着一切都来得及，趁着这一天还没结束，将零散的时间利用起来，学习一点儿新东西，获得一点儿收获。

第八章

耐得住寂寞，成功从来不是偶然

成功靠的是自己，从来都不是靠运气。想要成功，就要有耐心，忍得住寂寞。在成功的路上，你会遇到他人的非议，那么你只管走好自己的路，一天天慢慢地累积自己的实力，直到走进了优秀的圈子里，即便你没有成为最优秀的人，但这也是一种成功。

别被适应性安乐消磨了进取心

美国康奈尔大学的研究人员做了个实验：起先把一只青蛙放进一口沸水锅里，青蛙因受到强烈刺激就奋力一跳，成功逃生。后来，研究人员改变方法，他们先往锅里加满冷水，然后把青蛙放进去，再慢慢地加热。水温一开始是凉的，青蛙就没什么反应；随着继续加热，水温慢慢地升高，由于水温上升得非常缓慢，就让青蛙感觉比较舒服，没什么不适应，于是不想跳出去；直到水温已经升高到很危险的程度后，青蛙才有明显感觉，这时想努力跳出热水，但为时已晚。实验结果：凡是一开始就被扔进沸水锅的青蛙，往往都能跳出活命，但是在温水中慢慢被加热的青蛙最终都被煮熟了。所以，与其说青蛙是被烫死，还不如说因为适应了安乐而死。

世人皆知：生于忧患，死于安乐，这毫无争议。如果一个人把“生于忧患，死于安乐”当作人生格言，那你把他从平时居住的茅草屋带到一座豪华别墅前，跟他说，以后这就是他的了，他不但不会感谢你，反而还会大声斥责你。为什么呢？因为意识形态是不能在短时间内接受对比非常强烈的对立事物。实际上，就和适应性效应带来的启示一样，他必须循序渐进，才可以接受对立事物。

这就是为什么刚登大位的唐玄宗，还能够励精图治，崇尚

节俭，善于纳言，但后来却慢慢地怠惰，渐渐奢靡，闭目塞听，荒废朝政，最后还引发了一场“安史之乱”。

其实，这都是因为适应性效应导致。当第一次拿出金碗时觉得没什么不妥，接着就拿出了玉碗，最后把金银玉器干脆都拿出来享受；当第一次没听从善言时觉得没什么问题，那么第二次也就会不听劝言，最后就直接罢朝好了。我们知道的很多贪图安乐的行为都是这样养成的，因为适应了，就不会觉得有什么不妥。

我们不思进取，就是由于这种适应性的安乐导致的，更可怕的是，这种不思进取的变化是很难被察觉的，就使得我们很有可能对此一无所知。

我同学小张，刚开始进入职场时非常有朝气，而且勤奋，进取，善于学习，注重细节。她经常第一个来上班，最后一个下班，后来她发现很多老员工每天都按时上下班，而且不会多加一分钟的班。于是，小张也慢慢地不加班了。每次开会时，小张都是抢着发言，说出自己的意见，好像除了自己外，其他人都不会踊跃发言，后来小张也变得不发言了。

小张在一成不变的职场工作时，总结出了一整套职场法则：上班不用加班，只要不迟到早退就可以了；开会能不发言，就不发言，到最后实在不行，就顺着老板的意思表个态；陌生的新项目，能不主持就不主持；老板不交代就不要越权；不要太拼命，保持中等业绩就好。

当有人问起她怎么从一开始的“朝阳青年”变成了现在的“暮气老人”？小张想了想，回答说：“不知道，就是干着干着就这样了，反正每一天都是一样的，习惯了吧。”

大家都是因为习惯了才放纵自己的，因为适应了所以才不思进取。迟到、早退、旷工、拖延工作等，一旦习惯这些觉得没什么，那就会一直这样下去。以至于越来越安于现状，对未来的进取也就越来越缺少思考和行动，最终，自己的进取心就在这毫无觉察的适应性中消磨殆尽了。温水中的青蛙，最后只能死，适应于安乐的你，也将导致失败。

当你看了这些后，会不会有一种惊出一身冷汗的感觉？如果没有，那说明你的适应能力已经强大到连一丁点的进取心都没有了。如果你现在有一种醍醐灌顶的感觉，说明你终于要醒悟了，那么祝贺你，终于要摆脱安乐的适应性，又一次迈上进取的路途了！

没有永远的幸运儿，所以别对运气依赖成瘾

犹太人教育自己孩子时，会出这样一道题：当危险来临时，你只能带一件东西逃跑，你该带什么走呢？他们会告诉孩子应该带大脑逃跑，而不是什么财宝，钱币，古董。因为有了大脑，就可以思考如何渡过难关，生存下去。

那是唯一属于我们，唯一能信任，唯一能指望，唯一能依靠的东西，是在任何时候都不会抛弃，背叛我们的东西！

犹太人相信的只是自己的大脑，而不是运气，因为历经苦难后的犹太人知道，虚无缥缈的运气是不能帮助自己的。

农夫去地里干活，刚出门就遇见了撞死的兔子，于是便得了一顿兔子肉，这叫幸运，可是幸运转瞬即逝，几乎是不会发生第二次。

《世界新闻报》靠窃听的手段获取独家秘闻，推高销量，长久以来赚了大量的利润，也不被别人知道，这叫幸运，但终究还是被公之于众。

幸运就是转瞬即逝，难以为继，福祸无常，不能预测、不能掌控。对年轻人来说，如果把幸运看成必需品，那后果会非常严重。

大学刚毕业的小李在一家公司实习的第一个月里，就经常发生状况。小李先是弄错了自己负责的企划案中的数据，这份企划案本来是要交给总裁评估的。但还未来得及交到总裁手中，这个项目就被暂时搁置了，然后返回到小李这里，于是这样就躲过一劫。过了几天，小李所在部门要接待一个大客户，需要给这位客户准备一份礼物。这件事就分到小李身上，但是他却把这件事忘记了，直到客户来的当天，才想起这件事，恰巧，客户把约定的时间延后了，小李因此又躲过了一劫。

大家都觉得小李实在是太幸运了，居然连续两次都能逃过大劫！小李也有点儿得意忘形，觉得是有幸运女神眷顾着自己。

后来，公司要举行一场新闻发布会，布置会场的事就由小李负责。但小李居然把公司成立的时间和创始人的名字弄错了，而这一次，他的好运用完了。发布会期间，来宾、记者们都在窃窃私语，导致公司领导非常生气，当天发布会一结束，小李就被开除了。

当你相信运气会始终相随时，那接下来不幸的事情就会马上到来。因为你一开始依赖的是运气，而不是依赖自己。所以，把那些本来就不是人力所为、人力所愿的偶然巧合、鲜有的时机都忘掉吧，不要等到被运气狠狠地戏耍之后，才知道运气不可信。记住一点，年轻人可以坦然地接受运气，但仍然需要相

信的只有自己，千万不能被幸运惯出了瘾。

成功没有折扣，没有人的成功是偶然的

当你在拼命工作、拼命提高时，那么当下的你是丰富的，你的每一天都是在向成功迈近；但是当你昏昏沉沉、碌碌无为时，那就会导致你离成功越来越远，甚至连运气都不会站在你这边。

小王刚到城里时，找了一份仓库值守人员的工作。像这种工作不需要什么技术要求，也不用时刻盯着，所以可以有很多时间来做其他事。像一般的值守人员，可能会拿手机玩游戏，看电影，和别人聊天儿等来打发闲暇时间。但是小王不一样，他每天都拿着笔，在纸上刷刷地写些东西，天天都这样，从来没间断过。时间久了，那些不知道小王名字的人，就把他叫作“写东西的那位”。但很少有人知道每天小王具体写什么，甚至有一段时间这成了大家猜想的话题。就有好奇心重又热情的人专门跑去问小王，每天在写些什么。小王开心地回答说：“写诗。”大家都觉得一个业余的小仓库看守写诗，就是一时兴起罢了。小王每次看到大家的表情，也知道他们在想些什么，于是他自信满满地说道：“我一定会成为一个优秀的诗歌创作者。”大家听他这么说，都是满脸的不相信，嘴上可能会说祝愿小王成功，但没有人相信他能做出什么成绩来。后来，小王便开始向一些杂志、书刊投诗稿，还参加了一些诗歌比赛。渐渐地，小王的诗被更多的人认可，有几首还很有名气。于是，就有很多人开始找到小王，想要用重金买到小王的版权。就这样，小王成了业内小有名气的诗人，他还经常与文学界的名人见面，聊天儿，他的人生轨迹便也从此改变……

谁也想不到，一个小小的仓库管理员，竟然能有这样的成就，可他们不知道的是，小王每天都在为成功做准备。他的成功和他日夜不停地努力是分不开的。日复一日的积累，才让他在诗歌方面有很高的水平，这份能力谁也夺不走，小王是可以心安理得地获取这份成功的。

成功从来都不是偶然的，它是用所过的每一天，一点儿一点儿积累的。假如你虚度光阴，那只会离成功越来越远，如果想追寻成功者的脚步，那就从现在开始，做一个拼命努力的人吧！

耐得住寂寞，别让急躁害了你

什么是寂寞？可能是在一条漆黑的小路上，只有幻想陪伴你；可能是一根干枯的稻草，失去了活力和生机；可能是一段

吵闹的噪音，只会让人烦躁，没半点作用……从表面上看，寂寞也许是没有用的，但要是从长远的角度来思考，那寂寞的作用就很大了。对有些人而言，寂寞就只是一段无聊的时光，而对于另一些人而言，寂寞却是一种考验和历练。凡是成大事的人，都能耐得住寂寞，他们不是不想表达自己，只是因为他们知道时机未到。"古今之成大事业、大学问者，必经过三种境界：昨夜西风凋碧树，独上高楼，望尽天涯路，此第一境界也；衣带渐宽终不悔，为伊消得人憔悴，此第二境界也；众里寻他千百度，蓦然回首，那人却在灯火阑珊处，此第三境界也。"这句话讲的就是寂寞。当一个人拥有超越常人或不同于常人的理想时，那他可能是寂寞的；当他为了理想而付诸实践时，那肯定就是寂寞的。就如同苏轼说的那样，"高处不胜寒"，一个人站的位置越高，他就越孤独，这结论是显而易见的。所以，成功者是少数的，他们都是孤独的，是无人相伴的，也是寂寞的。

泰德在上大学时就一直梦想成为一位作家，但是他周围的同学都嘲笑他，让他放弃。大学是很自由的，泰德的同学经常出去玩儿，谈恋爱，打游戏，但是泰德总一个人默默地在宿舍写文章。

每天如此，每月如此，只要一有空闲，他就会拿出纸笔，刷刷地写下自己的感受。时间久了，泰德的文学水平自然就越来越高，他开始试着把稿件投递给一些报社。这些稿件都石沉大海，杳无音信，这并没有打击泰德的积极性，他反而

越来越努力地坚持着。

甚至有人对泰德说："你说你辛辛苦苦写了这么多东西，说不定人家报社根本没看，就扔进垃圾桶了，何必呢？"

但是泰德却一脸严肃地说："我投递一次，扔垃圾桶也没关系，我再投递第二次，第二次不行就第三次，第三次不行就第一百次，我相信我的作品总会受到认可的。"泰德的态度是那么的坚定，同学们也就不好再说什么了，只是觉得他无药可救。

也有人劝他找一份安稳的工作，不要总想着这些虚无缥缈的东西。但是泰德依然坚持自己的主见，并不在意他们的劝说。

四年时光一晃而过，泰德在大学期间整整挨了 4 年的寂寞，但是他每次投稿依旧石沉大海……

是因为泰德真的没有天赋吗？他有没有开始怀疑自己，怀疑自己所做的事情不值得？

然而并没有，泰德对于写作的热情超出了常人的想象，一年不行，就四年，四年不行，就十年。就这样，泰德每天都忍受着寂寞的痛苦，同时也期待着报社的来电。

终于，在泰德25岁的时候，发表了他的第一篇散文。随后，泰德越来越多的文章也相继被发表，这让他感到非常欣喜。

几年之后，泰德就成了非常有名的作家。他的名字家喻户晓，他的文章红遍各地，寂寞的煎熬也终于消失了，泰德成功地实现了自己的梦想！

可能正因为那段艰苦寂寞的岁月，才让泰德一步步地迈向成功。泰德之所以能一往无前地坚持下去，可能是因为寻找到了自己热爱的职业。只有耐得住寂寞，才能有所成就，那未来的你肯定会与众不同。

隐藏野心，直到实力与它成正比

因为现在实力还不够，时机还没到，所以现在不出手，但并不代表永远不出手。年轻人应该学会在自己弱小时隐藏自己的雄心，并积蓄实力，假如时机没到就先宣示了雄心，这样做很危险。要记住，不是实力支撑的雄心是没有力量的，只会招来祸患。

北周时，孝闵帝宇文觉和明帝宇文毓先后被权臣宇文护废黜杀掉后，他们的弟弟宇文邕便被拥立为王，当时他才17岁。年少时，宇文邕就性格沉稳有主见，他在宇文护面前一直装作俯首帖耳、唯唯诺诺、唯命是从的样子，不敢有丝毫的忤逆。

宇文邕清楚，此时的自己力量实在太弱，两个哥哥都敌不过宇文护，况且自己只是一个不到20岁的孩子，更是不堪一击。整整蛰伏了12年，宇文邕才把宇文护的势力全部铲除，夺回了政权。

在这12年中，宇文邕韬光养晦，暗中筹谋，培植和笼络自己的势力，在朝野内外渐渐地形成了可以压迫宇文护的势力，这便有了后来的一击即胜。宇文邕年少时就有恢宏魄力，有爱国爱民的理想，有平定天下的抱负，更有夺回政权的雄心。当时因为实力不够，他没有暴露雄心，而选择韬光养晦，为成王大业暂时蛰伏.

现在的年轻人也当有这样的处世智慧，要明白，自己心中所想并不重要，重要的是把心中所想在某一天变成现实。所以，在心中所想成为现实的时机还没成熟前，就先韬光养晦，积蓄力量。那么，到底应该怎么做呢？

第一，不谈理想，只谈现在。年轻人总是喜欢和别人谈论自己的理想，却不知道自己的雄心会在不经意间暴露出来。在

还没有实现理想的实力时，过早地就把雄心曝光，那你很可能就成了别人实现雄心的垫脚石。

第二，部分隐藏实力。不要把自己的全部实力都展现出来，最好的是有十分实力就展现七分，隐藏三分。这样的话，你的真正实力就会有一种神秘感，让人捉摸不透。要明白，自身的神秘感是处世时最佳的保护伞。

第三，对实力的增长要有耐心。美国政治家、科学家本杰明·富兰克林以前说过：“有耐心的人才能达到他所期望的目的。”说明，深埋在内心深处的雄心是需要经过很长一段时间的隐藏才能被实现。年轻人需要有足够的耐心才能熬过漫长的蛰伏期，从而获得成功的力量。

适当放低姿态，才能少走弯路

当第一的人虽然很风光，但也有风险。因为第一放在那里，从第二一直到第 N 人都会死死地盯着，时时地把他当作标靶，刻刻地把他看为目标。当第一被当成标靶、目标之后，人人各怀心思，仅仅就是这种被盯视的感觉就很恐怖。所以，年轻人不必太过于追求第一，有时第二要安全得多。

想争第一是一种争强好胜的天性，但是如果把事情做得太高调了，难免就会被当成标靶。不要走极端，低调一点儿会更安全一些。

小李在一家大型企业上班，平时工作都非常积极主动，业务能力在普通员工中可以说是一流的。他的知识面也非常广，在政治、经济、文化、生活等方面都有所了解。因此，闲暇时他总是能和同事们侃侃而谈，谈国家政治，谈经济形势，谈某个作家的新书，甚至还和大家一起聊明星的八卦新闻。小李在同辈人里面是最突出的，别人知道的他都知道，别人不知道的他也知道。他总是很耐心地给同事讲工作上的要点，讲各种社会知识，他经常因为自己比别人懂得多而感到高兴。要不是后来发生的一件事情，恐怕小李会一直认为自己在同事中很有威信。年底时，公司要在每个部门评选一名优秀员工。为了公平起见，公司就设置了公开投票箱，让每个人写下自己认为能力最好、最值得信赖的三个同事的名单，得票最多的人就是该部门的优秀员工。小李心里是有些激动的，他觉得他们部门的优秀员工肯定是自己，因为不管是从工作能力还是从生活阅历上看，自己绝对是最优秀的，而且自己平时也喜欢跟同事们聊天儿，还经常帮大家答疑解惑，人缘儿人品肯定都没问题。正当小李暗自高兴的时候，票选结果出来了，但是他们部门得票最多的人竟然是小张。这件事让小李百思不得其解，他实在想不通大家为何会把票投给少言寡语的小张。

后来，一位和小李关系不错的领导指出了他为什么没有入选优秀员工的原因：小李平时做事太张扬，不懂得放低姿态。

虽然他在能力和知识上都远远地超过了小张，但是他的内涵被他过于张扬的个性遮盖了。大家都觉得小李只会夸夸其谈、华而不实，反倒感觉有些不可靠；再加上，人们都有一种妒忌心理，你越突出，那对你的排斥可能就会越大。而小张平时为人低调，工作能力还可以，所以大家都愿意把票投给小张。虽然优秀不是罪过，可是高处不胜寒，站得越高，那承受的瞩目就会越多。而对周围人来讲，站在顶点的人对他人就是一种居高临下的俯视，别人不舒服也是人之常情。

所以，年轻人应该中庸一些，低调一些，把才华藏于身后，不要一股脑地冲到最高处，而成为别人的标靶。那么，我们要怎样做呢？

第一，如果不是和自己利益有关的，就不要表现得太过。如果表现太过了，就会引起别人的注意。生活中很多事情其实

都和年轻人的切身利益无关，即使是当了第一也没有实际意义，那么，每当遇到这样的事情时，就没必要去争第一。如果关系到切身的利益，必须争第一时，那就该果断出手。

第二，不用是最优秀，只要优秀就行了。只要保证自己是在优秀人的圈子里就可以了，那在优秀圈儿中就不用去争当那个最优秀的人了。因为在顶端的人肯定会招致侧目和非议，所以年轻人还是放弃那个最醒目的位置吧，只要保证自己优秀就行了。

原谅自己，别跟自己过不去

理查德·卡尔森的黄金法则是：不要让小事情牵着鼻子走。人的恼怒有80%都是在自寻烦恼，是因为自己与自己过不去。人的一生很难不会犯一些错误，当事情过去后，仍然耿耿于怀，纠结于自己以前犯的错误时，那只是给自己徒增烦恼而已。事情既然已经发生了，没有任何办法能改变它，所以为什么不原谅自己呢？不原谅自己只是在拿自己的错误惩罚自己罢了，如果每天都活在对自己的责难中，这样长时间下去你就会失去信心，失去面对未来的勇气。

所以，原谅自己，把不愉快的都忘记，然后重新开始。根本无须为了发生过的事情跟自己过不去。

有一个女孩儿在小学时偷了同学一支钢笔，被老师查出

来后，就遭到了全班同学的白眼儿，因此她的内心受到了很大的伤害，认为自己就是个小偷。

因为不能原谅自己一时糊涂犯下的错误，女孩儿就在自己的手背上刺了一个印记。

很多年过去了，女孩儿也长大了，她非常喜欢舞蹈，而且在舞蹈上很有天赋，她本打算报考舞蹈专业，但是因为她手背上的印记太过刺眼，于是女孩儿和自己喜爱的舞蹈专业便擦肩而过。这样的结局让她更加不能原谅自己，在后来的生活中，她总是畏畏缩缩，不敢大大方方地把手拿出来，她开始情绪不稳定最终患上了抑郁症。

这个女孩儿因为幼时犯下的一个错误，却把自己一辈子囚禁在那个错误当中。根本原因，就是她不懂得宽容，不懂得原谅自己。

一个人犯错后不应该用一辈子来背负错误的惩罚。这个世界上的每个人都会犯错，不管错误大小，还是对自己或者他人造成了多大的伤害，都是可以修正和弥补的。即便有些错误造成的伤害并不能完全弥补，只要你努力去弥补了，那就应该原谅自己。

事情都已经发生，不原谅自己又能怎么样？这个世界上根本没有后悔药，没有谁可以去改变过去，对自己的责怪只是在加深自己的痛苦而已。要学会转换心态，原谅自己，告诉自己十全十美的人是不存在的。原谅不够优秀，不够懂事的自己，原谅自己以前犯过的一些错误，不要总抓着错误不放手，对自己宽容一些，把曾经的错误当作是对自己的警示和鞭策，从而走向更广阔的天空！

耐心是成功的重要条件

在人生的道路上，如果你没有耐心去等待成功，那么就只能去面对失败。不管梦想是大是小，在实现它的过程中一定会遇到很多的困难和挫折。当你拥有战胜困难的耐心，有了不达到目的决不罢休的精神的时候，那最后肯定是会取得成功的。请记住，成功的重要条件就是耐心。

小王好不容易得到一份工作，被派到一个海上油田钻井队。第一次在海上作业时，领班要求他在规定的时间内，爬上几十米高的钻油台上，把一个包装盒子交给最顶层的一名主管。他小心翼翼地拿着盒子，快步登上狭窄的阶梯，把盒子交给主管。主管看都没看只是在盒子上签了个名，然后就让他马上送回去。他只好又快步地跑下阶梯，把盒子交给领班，领班也同样在盒子上面签了个名，让他去交给主管。他很疑惑地看了领班，但还是照着指示去做了。

当他第二次爬到顶层时累得气喘吁吁，主管仍旧是不说话地在盒子上签了个名，示意要他再送下去。他心中就开始

有些不高兴，无奈地把盒子送了下去。他再度把盒子交给领班，领班也还是签了名让他再送上去。这时小王有些发火，他瞪着领班强忍住没有发作，抓起盒子生气地又登了上去。当他第三次爬到顶层时全身都湿透了。他将盒子交给了主管，主管头也不抬地说："将盒子打开吧！"这时小王再也忍不住心中的怒火，把盒子重重地摔在地上，然后大声地吼道："老子不干了！"

这时主管站了起来，打开盒子从里面拿出了瓶香槟，叹了口气对他说："刚才让你所做的是极限体力训练，因为我们在海上作业，随时可能会遇到突发的状况及危险，所以每一位队员都必须要有极强的体力与配合度，来面对各种考验。前两次好不容易你都顺利过关了，很可惜，就差最后一步就可以通过测试了！看来你是没办法享受到自己辛苦带上来的香槟了，现在，你可以离开了！"

我们都有远大的目标，但缺少脚踏实地努力；我们都有冒险精神，但缺少成功基石；我们都有充沛体力，但缺少毅力和忍耐。因为我们不知道离成功有多远，常常在接近终点时就放弃了。

在 20 世纪 50 年代，有一位女游泳选手，她发誓要成为世界上第一个横渡英吉利海峡的人。为了达成这目标，她每天都不断地练习，不断地为这历史性的一刻做准备。

这一天终于等到了，在众多媒体记者的注视下，女选手充满自信地昂首阔步，满怀信心地跳入大海，朝着对岸英国

的方向游去。刚开始时，天气非常好，女选手也很愉快地向目标迈进。但是当快要接近对岸时，海上起了浓雾，而且越来越浓，几乎浓到伸手不见五指的程度。

女选手在茫茫大海中，完全没有了方向感，她不知道还有多远才能上岸。她越游越心虚，也越来越筋疲力尽，最终她宣布了放弃。

当她被救生艇救起时,才发现还有一百多米就到对岸了。众人都替她惋惜，距离成功就差那么一点儿了。

她对着众多的媒体说：“我不是为自己找借口，要是我知道距离目标只剩一百多米，我一定可以坚持到底，完成目标的。”

第九章

我们应该活得是自己且自在

人活在世，应该让自己保持一种舒服的生活状态，去做自己喜欢的事，并且坚持到底，不去糊弄生活，不糊弄爱情，也不必要刻意去装成熟，我们理应活的戏剧性，活的洒脱些，这样才能生活得很幸福。

人生最大的欢喜，莫过于做自己喜欢做的事

我在大学时，担任学校志愿者协会的部长，所以经常参加公益项目，认识了一群有情怀的人。

其中有一个项目是同科技馆的合作。科技馆综合部副主任方毅是我的直接联系人，初次见他是我第一次刚到科技馆的时候，他为人干练、朴素又真诚。在和他谈话中，我得知他竟然是高我七届的同校师兄，只能感叹世界真小。

我们所在的大学城在远离市区的一座孤岛上，科技馆就位于大学城西端一处僻静的角落，占地面积 45 万平方米，人烟稀少，因为刚建立不久，各项配置还不完善，有十几个主题馆，工作人员却不到 30 人。

我们的合作谈得很顺利，我平日负责在学校招募和组织志愿者，每到周末到科技馆服务，负责场馆的引导、介绍和秩序维护等。

随着我和方毅越来越多的接触，我们的关系也就变得更密切。后来，我才知道，方毅师兄当时在学校里还是风云人物。他是计算机硕士毕业，曾经在国内外比赛中获得了很多的奖项，毕业后就顺利应聘到全球著名的科技公司担任工程

师，是大家钦羡的对象，也是学校里所有师弟师妹们的偶像。经过一系列的兜兜转转，他最终选择过一种淡泊寂寞的生活，来到了科技馆。常人是很难想象他放弃的是什么，他的年薪本来是几十万，如今变成每月不过万，工作对象本来是和一群聪明人打交道，如今面对的是冷冰冰的设备，长满果蔬的土地和不过十几岁的小初中生，他本来在最繁华的城市中最繁华的地段和最高档的写字楼工作，现在却安于一隅……大家都很难理解他为什么做出这样的选择。

在科技馆的筹备、建立、运营、组织和发展的过程中是十分艰难的，每一步他都倾注了巨大的心血。我记得在最初合作的半年里，我每周到科技馆，他不是在田野间忙着检测果蔬的成长，就是穿梭在某个场馆里随时准备解决可能出现的问题，不是和技术人员制作科技馆网站，就是为了某个承办的国内比赛焦头烂额……我几乎都没有见他闲下来，更不要说那些我看不到的纠结、忧心和焦虑了。

我心中就有些困惑：清苦的生活怎么算得上是好的生活呢？

师兄告诉我说，他内心有一团火，想做一些更有意义的事情，比起当一个企业可有可无的螺丝钉，他更想成就一份可以为之奉献终生的事业。他认为科技馆的存在，是可以推动区域甚至国家的科技发展，可以唤醒人们的‘科技让生活更美好’的意识，可以让年轻一代理解未来的传承。他觉得自己在做一件特别伟大、特别重要的事。师兄还说，我们每天都在做取舍，只有想做才能做到最好，除了生存，还应该有情怀和理想。

他人眼中难得的好东西，可能并不是我们想要的；他人眼中的大材小用，对于自己来说可能是一种可遇不可求的机会。我似乎有点儿理解他的心情了。

记得那次在开馆以来规模最大的展览会的志愿者工作的碰头会上，我们刚踏入会议室，师兄就激动地招呼我们品尝面前的柚子，兴奋之情简直从说话里都听得出："这是科技馆自己培育的新品种，除了无污染外，产量高，个头大，口味也更好！"从他灿烂的笑容和满脸的骄傲中，我第一次真正意识到，热爱能让人承受最大的痛苦，同时也让人得到最纯粹的喜悦。

我们需要的是一处不起眼但能帮助自己达成心愿的魔法天地，而不是表面看起来"高大上"却和自己初衷背道而驰的皇宫。要清楚，我们不会因为住在城堡就变成王子公主，而真正的王子公主也不会因为身处陋室就变得卑微，最重要的是你想成为怎样的自己。很多时候，我们正试图成为最好的别人，而不是更好的自己。

尤其对于刚毕业的我们来讲，做什么都很模糊。太多的干扰会让我们没办法看清前方的路，太多的好奇心会让我们把握不了自己的方向，太多的声音会让我们听不清内心的渴望。于是，我们就屈从于"大家"的观点，认为被肯定和被羡慕，是一件特别厉害的事，甚至因此放弃真正喜欢的风景，接受并不

那么期待的一种生活。

直到最后，你才发现，为了满足他人期待而过的生活，最后都由自己买单。不喜欢就是不喜欢，即便朝夕相处也只是两看相厌，渐渐地对生活充满怨愤和不满，对自己也产生怀疑和愧疚。因为不是心甘情愿，就不可能全力以赴。

我们总会犯些错，走些弯路，才会知道自己真正喜欢什么，适合什么。如果越早开始对生命进行梳理，越早开始反思自己的真正所需和所爱，那就能越早开始行动，就能越早的靠近美好的生活。

不要被那些所谓的光环迷花了双眼，因为越到后面就越会发现，最开始吸引我们的那些东西并不属于自己，真正重要的是我们自己能否发光发亮。

与其去费力迎合外界的眼光，还不如把自己照顾好。再卑微的种子也能开出最绚烂的花朵，再小的天地也可以容纳参天

大树。如果你说你有太多的责任和义务，有太多的不得已，来不及照顾自己，可是我却不这样认同。因为满足自己的需求是比所有事都重要，不论是身体上还是精神上。

问一下自己："我苦心经营的是不是自己真正想要的？"不要总是让大把时间浪费在横冲直撞上，分一些在自我探索上，找到自己真正需要的，然后找到实现这点需要的方法。除了自己，你不需要去讨任何人的欢心。你可以妥协，但不能丧失底线，因为一旦开始迁就，那么生活就会变成将就。

做自己喜欢做的事是人生最大的欢喜，最幸运的事，能够找到一件如孕育孩子一样热爱的事情是一件最美的事。

保持让自己舒服的状态

人生最宝贵的就是一颗赤子之心。如果可以，我希望自己一直都是孩子，不仅仅是因为孩童时的自己会在以后的日子里被回想、羡慕无数遍，更想要的是那种开心就笑，受伤了就哭，想要什么就撒娇卖萌，不想要什么就撒泼打滚儿。

还因为不管我们做了什么，大人都会原谅。因为大人们清楚，孩子的所有举动都是内心诉求的直接反应，真实得让人没办法苛责。

而且世界在孩子们的眼里还是一个童话王国，所有的东西都会让人感到快乐，例如，天上的云是一朵花，地上的草会说话。

孩童时的我们对这个世界怀揣着美好的梦想。如果可以，真希望有人能护我们一生周全，无所不能的人是不存在的，再说我们迟早也会长大。在长大过程中注定是不容易的，它伴随着迷茫、怯弱、难堪甚至泪水，不论遇到什么样的情况，希望我们都能保留一点儿信念：如果用正确的态度来面对一切，那么一切都会好起来的。

等我们渐渐地长大，有了基本的认知后，会对自己产生困惑，会有性别的意识，开始关注异性，会有破坏的冲动，也开始有了等级贵贱之分，开始有能力去分辨美丑，甚至会开始思考“活着有什么意义”“我从哪里来”等类似的问题……我们会因为找不到答案，开始惶恐；我们会开始在乎外界对自身的要求和评价。

我们会产生很多个为什么和很多不理解的东西，这都是正常的，它意味着一个人生理和心理上的觉醒，辨是非，明善恶，形成自己的价值观。这种困惑可能会一生伴随着我们，让我们不断地自我成长和完善，促使我们不断地打破现状去尝试和探索。

初三是我特别混乱的一年，突然转学，让我远离了熟悉的环境、同学和老师。封闭式的管理方式，把我的世界强制禁锢在一块小小的天地里。在这种极端压抑的环境下，反而让我产生了更加强烈的挣脱欲望。在最开始的一个月里，我每隔两三天就要请一次假。接受现实之后，就和新结交的好友一起偷偷跑出学校去网吧通宵，上课时泡面吃零食，也多次有过阴暗的念头而无法入睡……大家都不知道，一个乖乖女的表面竟然有这么多疯狂的思绪。

其实我们自己都不了解自己，自己都不能把握自己；我们会有各种情绪和冲动，而且在很久以后会后悔：有时会有一些邪恶的念头，甚至会对自己产生恐惧。我们觉得自己很糟糕，从而变得自卑。

但是，请不要对这样的自己感到羞怯，也不要拒绝这些自我追问。只有这样，我们才会摸索出和真实的自己相处的方法，才可以避免陷入幻觉和虚无。

觉醒比无知好太多。最怕的就是自己变成一个傲慢、自负而满口谎言的人，如果不了解自己，那就不可能找到自己的位置，也不会同自己相处。

当我们学会自我相处时，就算有“不知道”也会感到踏实，这是一种对生活的敬畏。

我 16 岁那年，因为和别人打架斗殴，见证了流血伤亡，才模糊地对死亡有所了解，知道人都是怎么活过来的。很长时间，我都无法把那些过往向众人宣之于口，年少轻狂不知事，我觉得那是我人生的污点。

之后我才发现，每个人早晚都会经历各种观念的碰撞冲突，各种天马行空的思想，一个人越是压抑，觉悟得越慢；我们学会顺应它，那就能够从混乱中重建秩序。我高中的朋友很喜欢

向我倾诉，他们烦恼、焦虑、横冲直撞却没有出路，对未来惶恐，对和父母的关系烦闷，对学习没有把握……每个人的表情看起来都十分忧伤，因为这些我都经历过，便显得安然且自在。

可能就是我经历得早，不管做什么都不会有太多的束缚以及太严重的后果，反倒是有足够的时间去试错、调整、重新再来，我的心也就更加坚定。真正糟糕的就是表面平和但内在失序，只有在持续的艰难摸索中才能与自我达成和解。

所有的行为都不一定需要动机，我们也不必牵强地把事情合理化。不管什么体验，它都是生命独一无二的财富，时间一到，自然会显现出它的意义。

不要让双眼被内心的喧嚣蒙蔽了，不要让自我的体验和成长被外在的评价和所谓的后果禁锢了。要趁早尝试，在学习的过程中，有的人一生只能见一面，有的事一生只能做一次，只有不再对外界惧怕，才能看清内在。

那么就有个问题：当理想的自己和现实的自己有落差，当现在的生活和过去的生活有差距时，自己一个人要怎么处理呢？

假想一下：我们想成为一个活得特别潇洒自在而且又才华横溢、独立快乐的自己，但是又因为种种际遇而变得穷困潦倒，或者必须要妥协，这时该怎么办？这是绝对有可能发生的事。比如说，我们可能为了照顾年迈的父母就不得不放弃远游的打算，或者无缘无故地患上了某种情绪疾病，这该如何是好？

如果真的陷入这种境地时，首先要接纳这样的自己，然后

找方法治愈。就如同第一次自我觉醒一样，不要感到羞耻，更不要自卑，这是生命的必然。再说这样的情况还有很多，成长是一直不会结束的，这算不了什么事。人本身就是很复杂的生物，所以才会有各种可能性。有好的一面，自然也会有坏的一面，只有知道黑暗在哪里，才能走进阳光。

当生活发生巨变时，也要坦然地面对自己。不管是谁，他的生活都不可能一成不变，就像我们长大，就会产生上面所说的那些困惑，我们可能会突然从云端落入泥土，也可能突然从一介平民被给予重任，这个社会会赋予每个人很多角色，我们会经历各种变化，让我们不停地改变自己。

这时我们要清楚地认识自己的位置，看清自己的角色，放弃还是坚持？当找到了和自己的相处之道时，就会变得笃定且富有安全感。我们就不会再害怕，就能够应对任何一种生活。

想要生活轻松得多，那就保持自己处于舒服的状态，学会

相信自己的直觉，学会质疑但不要轻易摇摆。对一些人来讲，不一定非要取得世俗里多大的成就，只要我们的心智在不停地成长，只要自己觉得开心，喜欢自己，那不管是什么样子，都是最值得骄傲的。

坚持一下不难，难的是坚持到底

我有一个朋友圆圆，她每天除了学习就是在网络上更新小说，生活特别的单调，完全不知道生活中有很多很多的可能，多到即便马不停歇地去接触，都不一定能全部领受。所以我就问圆圆“你知不知道你少了多少乐趣？”

相反，我这个人好奇心特别重，觉得全世界都是自己的，什么都不能错过。我就似海洋里的一条鱼，必须要把每一处水域和角落都游过，才不枉此生。我内心对于那些生活谨慎保守的人多少都有些轻视。

虽然，我们两个约定一起写作，每天更新至少五千字，为了保证文章能出现在分类首页，让更多的人看见，积累更多的点击量，稳定读者群，我们说好彼此监督每天至少更新五千字，但是我还是有所动摇。

刚开始时，我信心满满，因为不少存稿，压力也不大，所以比较容易。差不多过了近一个月，我有些懈怠了，隐隐有了想要放弃的念头。

可能你会觉得我娇气或者太没有耐性了。开始时我也觉得每天更新五千字而已，这是很容易的事。可事实，这并不容易。每天起码要花一个小时把这些文字敲出来，更不要说前期的主题确定、桥段构思，等等，还有后期的润色修改、推倒重来，如果真是认真去做一件事，那就没多少时间用在其他事情上面。渐渐地，我的更新时间变得不固定，字数越来越少，内容也越来越敷衍。

再说圆圆，虽然人气是一样低迷，但她仍然每天坚持准时更新，质量也一如既往。

又过了一个月，我终于熬不住了，因为即将面临考试。而且又看不到一点儿成效，还有人在劝我对自己好一点儿，环境中又充满诱惑。我开始抱怨自己坚持不下了，最终还是决定放弃。

当时的我，并不知道周围人的安慰只是在顺从我自己的心意。因为大家都知道坚持，但别人没必要对我说真话，因为这完全是一件出力不讨好的事情。

圆圆劝我，让我再坚持一下，过了瓶颈期就好了。我却大声反驳她，认为自己做的全是无用功。为什么要把自己搞得这么惨，为了一个章节，白天晚上都得费尽心思地想，推翻，重来，再推翻……觉得自己都快分裂了！

“你没察觉我们现在的效率更高，内容也更精彩了？我们的读者也比两个月前多了，说明我们在进步，事情总会越

来越好的。”她又说道。

“有很多其他值得做的事，根本不需要为了一棵小树放弃整个森林。我宁可随自己的心情更新，也不想整天围着一件小事转。”我还是坚持自己的想法，而且试图鼓动她和我一起再做点别的事，“最近豆瓣儿小站很流行，要不我们去开一个玩儿玩儿吧？”圆圆拒绝了这个提议，因为她觉得自己没有足够的精力去把它经营好，如果不能坚持到底，她选择不开始。

于是，我又问她“你知不知道你少了多少乐趣？只是试一下，如果你不试一下怎么知道自己不喜欢呢？万一它是你最最喜欢、最最擅长的事，你岂不就错过了？”

听起来是不是很有道理？

但她不觉得：“我有基本的判断。世界那么大，不可能什么都做。再说，如果承诺的事没有坚持到底，我就会带着情绪和私心去判断我是否喜欢，也不能保证放弃之后我不会后悔。”结果我们两个人最终没有达成共识，我去开了小站，她则继续经营自己的网文。

在之后的一年，我做了很多事，比如跳舞、烘焙、辩论……但是都没办法长久，我甚至连当初写文的网站的登录密码都忘记了，那个让我放弃前者的小站也因为缺少打理早就无人问津了。生活看起来很充盈但是过于烦琐，等到回头看时，却一事无成，日子就跟白过了一样。有时候，我在想我们之所以过不上自己想过的生活，是因为自己根本就不知道自己到底想要什么样的生活，而且又不能把自己把握的事坚持到底。

当每个人走在麦田里时，都会遇见很多的机会，拥有很多的选择，有的人却因此挑花了眼最终一无所获；而那些能够把心中杂念摈弃，把各种诱惑都摆脱，坚持所选的人，反倒把命运握在了自己手中。

在我什么都没有做成时，圆圆却在半年前成为传说中的网站大神，拥有众多的粉丝，实体出版也在同步进行，看起来似乎有了一呼百应的能力。

在这样的契机下，她顺势就把小站开通了，而且仍然保持每天固定时间更新一次的习惯，多以小故事或者心得为主，短短1000字，却很快就赢得了众多的关注。

看着好友做得风生水起，自己除了羡慕，还有就是悔恨，甚至讨厌这样的自己。如果我当初要是坚持下来，会不会也成功了？可是这种假设才是最可怕的后遗症。

起点明明都是一样的，有人走失，有人却获得大奖。问题出在哪里了？

《后会无期》有句话说："听了这么多道理，却依然过不好这一生。"人们从没有认真想过原因，虽然听得很多，但是仅仅听听而已，既不肯花费心思理解它，又不肯脚踏实地实践它。

我们始终缺少一些行动力和持久力，还要给它冠上各种冠冕堂皇的理由，所做的这些只是让当下的自己好过一点儿，对生活没有任何实际的帮助。

我们之所以会觉得坚持很容易，是因为我们从来就没有坚持到底。

我们可以坚持一天两天，一个月甚至一年，但是却很难做到真正的坚持到底。有很多事都是被自己轻易放弃，又有很多事毁于妥协。

我们当然是可以做很多事，但是我们不能每件事都只是浅尝辄止，然后就抱怨命运的不公。

终点一刻没有到达，我们就该一刻都不能停歇。

我终于承认是自己的内心不够强大。其实在我退缩时失败就发生了。归根结底，是自己对自己不够了解，没有充分地估计现实的困难，稍有一点儿艰难，就觉得自己不能也不该继续下去是理所当然的。我顿时觉得，自己有着在自我毁灭的同时还要拉人下水的软弱。

又或者，我早就隐约地明白现实的各种变故和挑战，只

是把它当成了自己在外界的屏障。假如说这世界是万事俱备、万事如意的，恐怕我会避之不及，因为这样，我就不会有失败和不思进取的理由。

可是，正是因为坚持的难得才会被人褒奖。

圆圆在近十年时间，写了四十多本书，依旧乐此不疲。我就问圆圆，她会不会有文思枯竭的困扰。她说不会，因为她在不停地写，不停地思考，这个过程并不容易，她经常写了三四万字时突然发现全错了，就要从头开始写。

其实，我都知道，只是不甘心。非要看一下别人是不是也在坚持的过程中困难重重，然后才会真正地面对自己，这才是自己一无所成的根源所在。

我们的生活中总是有很多弯路，很多错误，很多困难，就好比这四万字看起来是在浪费时间，让人灰心丧气，但如果坚持下来，那它反而是成就自己的基础。这都不算什么，如果没有这样难挨的实践经验，也就没办法获得真正的好东西。

你若盛开，清风自来。只有努力了，才能对得起骄傲的自己！

人生就是一道来证明一个人是软弱还是坚强的题。每个人都存在软弱和坚强的一面，关键是我们要引导出坚强的一面。

其实，坚持的反面并不是去改变，而是去同化。我们要清楚什么是决定自己最本质的东西，不要因为别人的话把自己想要地放弃了，一样的道理，也不需要因为别人的话去跟自己不

想要的死磕。同时，也要锻炼自己的意志力，从小事做起，一旦尝到甜头，那它就会变得容易。把“坚持到底”养成一种习惯，那事情自然就顺理成章了。

此外，也要做好心理准备和自我管理，虽然事情都不会很容易，但也要下定决心。“如果选择开始，就要坚持到底；如果选择坚持，就要做到最好。”

“任尔东南西北风，我自岿然不动”，渐渐地，你自己就会变成一个不容忽视的存在。想要插入天空的枝条是不会被森林挡住的，我们只管坚持到底好好成长就行了。

你就是想的太多而做得太少

可能你身边会存在这样的人。看到一个身材绝佳的人，一个臃肿的人会说：“我也可以，多健身多运动就行了。”看到一个事业有成的人，一个啃老族的人会说：“我也可以，多付出有方法就行了。”看到一个网络红人，一个粉丝只有 20 个人的人会说：“我也可以，保持互动，每天更新就行了。”看到一个爱情甜蜜的人，一个单身的大龄女青年会说：“我也可以，把自己打扮漂亮，主动一些就行了。”这就是在说“我也可以”的人。

可能你身边还会存在这类人。一个跑步都会气喘吁吁的人，遇到往日臃肿的人变成身材窈窕的美人，会说：“我早就想过，每天运动，保持节食就可以了。”一个从事最低级职务的人，遇到往日一文不名的人变成行业精英，会说：“我早就想过，多学习提高学历,多工作提高能力,多交际积累资源就可以了。”一个整天无所事事的人，遇到往日沉默寡言的人创造了一个新的商业模式，会说：“我早就想过，这个商业模式就是这样。”这就是在说“我早就想过”的人。

总之，说的“我也可以”和“我早就想过”的人有两大特点：一是只要自己想，就无所不能；二是自己不想，就一事无成。你会发现，“我也可以”和“我早就想过”的人通常都能言善辩，信心满满。

他们习惯对别人的成绩评头论足,善于把别人的努力弱化，然后把发生的事情合理化，感觉别人的进步、蜕变和成就是件特别容易的事。更让人无法辩驳的是，他们能把问题分析得头头是道，解决方案条理分明。他们还非常有感染力和说服力，好像只要按照他说的去做，的确就可以成功。

他们的大脑是一片海，什么都容得下。可是，在这片海上并没有船，因为他们总是想得很多但做得很少，根本不会花心思去造船。

所以，当别人已经走远时，她们却一无所成。

他们知道怎样让自己变得更好，可是却一直很懒惰，直到别人实践了他们放在自己口袋里的计划而变得越来越好时，他们却依然普通，说着“我也可以”；他们有很多的想法可能改变行业甚至世界，可是他们却一直懈怠，直到存在脑海里地想

法在别人那里功成名就，他依然碌碌无为，说“我早就想过”。

当事情发生得多了，他们或者学会了自欺欺人，会用不屑的口吻面对别人的得偿所愿；或者变得不甘于心，会用全世界都欠我一个解释的姿态面对每天的日升日落；或者变得怨天尤人，会用生不逢时的悲凉面对周围的风生水起。

总的来说，他们再不甘、埋怨、漠视，甚至诋毁别人的成功，他们依然没有成功。你总是什么事都不做，你总是把勤奋的价值低估了，你总是低估其他人愿意付出努力的程度，你总是高估自己对失败的忍耐力，你总是不肯承认没有不劳而获这件事，你总是忘记意念在21世纪的社会还不能自动化为现实的，你总是带着一种莫名的天真和可笑的自大。

也是因为你从来没有付出过，所以从未成功过；你从未成功过，所以你根本不知道成功的方法。

也是因为，成功是在于你选定一个方向一直坚持下去，而不是在于你想到。

别人的好运气是用心浇灌结出的甜美果实，所以不要整天羡慕别人，你不伸手，好运又怎会自动掉到你手里呢？

曾在学校大三的一个同乡交流会上，一个刚入校的大一小师妹一脸憧憬地向我描述她未来的大学图景：自己要面目一新，学会保养和化妆，坚持锻炼保持一个好身材，然后交一个男朋友；自己还要保持高中时的学习劲头，拿奖学金，评优秀学生；自己还要参加游泳队，这是她特别想发展的爱好，而且希望能参加一些比赛；自己还要在大一大二时积极参加社团，积累实践经验，在大三大四时跟着导师做科研，争取保研机会……这个规划听起来很美好，达成的路径也非常清晰，按照她的规划，这样的未来触手可及，我一点都不怀疑。

可是，当她毕业时，我已经工作好多年了，再见她时，她正为工作焦头烂额，甚至因为屡屡碰壁就不得不考虑回到家乡的小城镇。印象中她是那么优秀，现在居然乏人问津！

了解之后，我才知道，她根本没有把当初的设想达成。虽然目标并不太遥远，但是她根本没有恪守路线图。她的成绩处于中等，甚至还挂科补考；她虽然参加了两个社团却没有什么亮眼的表现，干部竞选失败；她又没有什么科研经验和经历，达不到保研资格；甚至，她连化妆都还不会，依然不懂打扮，一直单身。

我不知道，她是用什么样的心态去回望那个大一时的自己，但是，这种挫败还是让她发生了改变。她当初眼中的神

采不在了，反而一副怨天尤人的样子，让人敬而远之。

事情总是说起来容易，当持续地去做时，通常都充满挑战。你决定运动，可能因身体疼痛而放弃了；你决定写作，可能因枯坐难耐而放弃了；你决定化妆，可能因不愿早起而放弃了……有人说“形成一个好的习惯和培养一个新技能只需要21天。”但是依然有很多人做不到，是因为大多数人都倒在第20天的晚上了。

生活就如同长跑，起步很轻松，但总会出现体力不支的情况，一旦突破瓶颈，那事情就会变得容易。胜利者往往是那些坚持到底的人。

知而不觉，觉而不醒，醒而不行，行而无果；我们不应该一直宅着，不思进取；我们不应该做什么事都三分钟热度；你什么都知道，你只是永远不开始，从来没行动。和俗话“常立志不如立长志”说的一样，一切没有实施的想法都是空想。

当想到一件事时，应该立马去做；当想放弃时，应该多坚持一下。既然你已经知道怎么让自己不后悔，那么为什么不狠心地逼自己一把，找到一件事并且全力以赴呢？

当你有什么梦想时，不要只是说着实现它，而是要立马行动起来去实现它。

以为是成熟，原来是迷失

生活看起来很平坦，实际上却充满了挑战。就如同一只老鼠掉进米缸，它觉得这是意外之喜，就过着吃完就睡，睡完就吃的安逸生活。随着一天天地过去，等它把米吃完了，就会发现，自己根本出不去了。当初美味的大米，过往美好的生活，就如同梦一场，是引诱自己掉入陷阱的诱饵罢了，但自己偏偏还上了当，消磨掉进取心，丧失了危机感，最终导致处于无能为力的境地。

很多时候，看着是美好的开始，却是一场更大阴谋的序幕而已。

我听到过很多已经工作多年的人抱怨事业的瓶颈期，也听过很多结了婚的人抱怨生活没有了激情。刚开始他得到这份工作的时候明明兴奋不已，好像得到了全世界；刚开始迎娶自己新娘的时候,明明是幸福满满,好像把自己的一切梦想都实现了。

这究竟是怎么了？

“生于忧患，死于安乐”，这句古话还是有些道理的。

生活从来都不是一帆风顺的，在看起来平静的表面下，往往都是危机四伏。然而，很多人却蒙起眼睛，捂起耳朵，不愿去面对生活的真相。他们放任自己在表面的平静之下，安于现状，得过且过，随着时间的流逝，什么都没有增长，除了年龄。

如果当你还有主动权的时候，不多出去走走看看，多体验下生活，那等到有心无力时该怎么办呢？如果在你事情顺利的时候不去做好准备，不去努力提高自我，又怎么会去面对以后种种变故和意外呢？

事情总是不进则退。如果你不好好地把握时间，不增进自

己各方面的素质时，那么时间就会反过来控制你，把你的立足根本消耗掉。这样就会导致你的体力会越来越差，大脑会越来越迟钝，心灵会越来越狭隘，你的能力会被削弱，经验会飞快流失，最终你就再也没有任何东西去抵抗这个世界的倾轧，除了你这副虚弱的躯壳。

我们只有立刻！马上！行动起来，才能去保护自己想保护的，才能去实现自己想实现的。

其实冲动并不是魔鬼，幻想才是！既然无法知道明天会发生什么。

那就好好把握当下；既然早就知道生活的跌宕起伏和高深莫测，那就保持警惕随时待命。

做最坏的打算，做最好的准备，过最好的生活。

当然，这不是一件容易的事。即便我们决心奔赴新生活，不过那些过往的牵绊，也总会有意无意地用各种方法阻挡我们的脚步。我们可能就会出现害怕、不舍、放不下，最终导致我们很可能会瞻前顾后，依旧停在原地，然后安慰自己说“我这是学会满足了，我这是成熟的表现”。

之前和一个师兄讨论过“学会满足”到底会成全还是会毁坏我们的生活。师兄是他们公司的财务总监，接触最核心的工作，掌握最重要的机密。他一方面对现状很满足，一方面又有隐约的束缚感：虽然他在这家公司几乎没有上升空间了，但是他又无法放弃现在的一切。

其实，当年龄越大，工作的年限越久，选择就会越少。因为我们在现在的位置上积累的足够多，做起来自然得心应手；同时这个位置为我们带来大量的金钱、时间和地位等，这些都让我们生活得非常舒适，于是就缺乏冒险和改变的动力。

“‘学会满足’对于中老年人是一种智慧，对于年轻人是一种摧残。”师兄这样总结道，“我也曾经年轻过，那是我记忆中最好的时光，因为我经历得足够多，便可以不留遗憾。它不仅仅只是给我带来心灵的安稳，更多的是让我获得现在生活的资本。”

处在二十几岁的我们，还没有完全背负起生活的包袱，就应放手一搏，过精彩的人生。但是，年轻人却有一种假装为一个成熟人的倾向。

我们认为自己成熟了，每天就朝九晚五，不再学习；认为自己成熟了，就不对爱情抱有希望，去接受一份相亲的安排；认为自己成熟了，就不再发脾气，不再有冲动；认为自己成熟了，就开始关心柴米油盐酱醋茶，不再做一些有用的事；认为自己成熟了，就用利益去衡量一切，追求更好的物质条件；认为自己成熟了，就该听父母长辈的话，选择过安稳的生活……

当我们活得越现实，越接地气，就越会认为自己成熟。当我们表现得越懂事，越为他人着想，就越会认为自己成熟了。

但是，成熟不表示要放弃自我，也不代表安于现状，成熟是能够用最柔软的方式来包容坚硬，是能够用最理智的方式来处理分歧，是能够用最众望所归的方式追求梦想，是能够用最省力的方式实现自己的人生。

成熟并不是去顺从那些嘈杂的念头和声音，而是分辨。如果是有益的，那就去倾听；如果有害的，就不去顺从。我们可以容忍任何声音，但我们必须去决定它是否对我们有影响。

成熟是什么？就是懂得什么时候做什么事，把自己的事做成了，得到别人的交口称赞。成为你自己，实现你自己，这是成熟的前提，“自己”才是最重要的。对年轻人来说，正确的人生就是不妥协、不满足。

年轻人就应该放下功利性，有点舍我其谁的气势，不要因为走了弯路，摔了跟头，听过教诲，就把自己缩在壳儿里还认为有了保护自己的能力，但实际上这个壳儿却很易碎！

如果靠一个壳儿，不去自我磨砺，那么就会永远被自己拖累。当你稳重了，就不会再因为心中的好奇而抛弃所有的去学习，就不会因为别人的一点重伤而针锋相对地反驳，就不会因为证明一样东西而不顾一切去实现，当那些激烈的、放肆的情绪柔和下来，我们就再也不会被任何东西打败。

有时候觉得自己成熟了，变得低调内敛，但是从来没想过

成熟本身是否认同自己的所作所为。你害怕自己失去一切，你害怕自己会陷入低谷，可是，对于年轻人来讲，自己并没有真正拥有过什么，除了时间和勇气，所以无须担心失去什么。再说，你当下的成就实在太过微不足道了，从来就没有达到巅峰，就不用担心跌入谷底。

我们现在想要得到最伟大灿烂的成就，那只有去选择最伟大刺激的生活。即便有一天发生不幸，理想没有完全实现，那也不会留下遗憾，因为自己曾经不顾一切地奋斗过。表面上看起来，众望所归的生活也许是事业稳定、家庭美满、儿女独立，令人羡慕！但这种平静可能只是因为自己处在了错误的环境，然后对环境习以为常罢了。就好比搁浅的蛟龙，它可能是这条河的霸主，活得很平静，但也许它并不快乐，因为这并不是它想过的日子。

最近我有个师姐正在参加一个非常红的网络脱口秀节目，她说虽然做家庭主妇的日子的确安稳，可是没有什么奔头，心变得格外苍老。她觉得自己必须得做点儿什么，让真实的自己释放。她认为只有同生活正面交锋之后，才能同世界达成和解。这便是她参加节目的初衷。我们应该学会忘记世俗的规则，让自己生活在一个洋溢年轻气息的环境中，因为每一个人都会被它的活力和生命力感染。其实世界很小，不过一张机票而已，只有想象力和勇气才能束缚我们。

对于年轻的我们来说，生活理应有一些戏剧性。

第十章

想成功就要有自信

成功不是别人给予的，是要自己努力去得到的。在成功的征程中，我们首先要具备渴望成功的欲望；然后带着成功路上必需的自信去付诸行动，去挑战自我；当遇到挫折和困难时，要勇敢，要积极，用平静的心态去承受不可更改的事实，抱着成功的希望坚持走下去，只有这样才能到达终点。

为确定目标而行动

在我们生活中接触的人里，不满他们生活的人占80%，但他们心中又没有自己所满意的生活图样。那些人终生漫无目的地漂泊，他们胸怀不满、抱怨、反抗，然而对于自己真正的需求，却没有一个非常明确的目标。

你可以现在就说说你想在生活中得到什么？但是必须注意：你的欲望不能超出你的能力。确定适合自己的目标是件不容易的事，甚至会包含一些痛苦的自我考验。不管付出什么样的努力，这都是值得的，因为当你一旦说出你的目标时，很多好处就会不请自来。

一个人若能热切地设想和相信什么，就能以积极的心态去完成什么。

小王是一家杂志社的编辑，他小时候就梦想着有一天他自己要创办一份杂志。就是因为树立了这个明确的目标，所以他开始寻找各种机会，最终他抓住了一个机会。这个机会实在是微不足道的，如果大多数人遇到肯定会随手丢弃，绝不多加理睬。

事情是这样的：一天，有一个人打开一包香烟，从中抽出一张纸片，然后随手扔到了地上，恰好被小王看见了。小王弯腰把这张纸片捡了起来。纸片上印着好莱坞一个著名女

演员的照片，在照片下面印有一句话：这是一套照片中的一幅。原来这是烟草公司的一种促销手段，想要促使买烟者收集一整套照片。小王把这个纸片翻过来，注意到背面却完全是空白。

和平时一样，小王觉得这可能是个机会。他推断，要是把烟盒里印有照片的纸片充分地利用起来，在它空白的背面印上照片上人物的小传，这种照片的价值就会大大提高。于是，他就找到印刷这种纸片附件的公司，然后向这个公司的经理说出了他的想法。这位经理随即说道：

"如果你给我写100位美国名人的小传，每篇100字，我每篇付给你100美元。请你给我送来一份你准备写的名人的名单，并把它分类，可分为总统、将帅、演员、作家等。"

这便是小王最早的写作任务。后来他的小传的需要量越来越多，他开始不得不找人帮忙。他就找他的弟弟帮忙，如果他弟弟愿意帮忙的话，他就付给他每篇5美元。不久，小王又请了几名职业记者帮忙写这些名人小传。就这样，小王最后真的成了《名人》杂志的主编！他实现了自己的梦！

现在回首看看，当初，命运并没有特别眷顾小王，但是他并没有抱怨，而是抓住机会做出了让人满意的事业。所以，这个故事告诉我们，没有谁会把成功送到我们手里，不管是谁获得了成功，首先他都有渴望成功的心态，然后去付诸行动。

要有强烈的成功欲望

那些渴望成功的人才会被成功青睐。假如你成功欲望不够强烈，那么你也就不会有强大的动力去追求成功。

一个年轻的弟子问苏格拉底成功的秘诀是什么，苏格拉底没有直接回答，而是把他带到一条小河边，年轻弟子觉得很奇怪。苏格拉底到了河边扑通一声跳了进去，并且在水里向年轻人招手让他下来。年轻人就稀里糊涂地跳下去了。

刚到水里，苏格拉底就把他的头摁到水里，年轻人本能地挣扎出水面，苏格拉底用更大的力气再一次把他的头摁到水里，年轻人拼命地刚挣扎出水面，又被苏格拉底死死地摁到了水里。年轻人这次什么都顾不上了，拼命地挣扎，挣脱之后就使劲地往岸上游。游上岸后，他打着哆嗦问大师这是要做什么？

苏格拉底完全不理会年轻人就上了岸。当他转身要离

开的时候，年轻人感觉有些事情还没有弄明白，于是就追上去问苏格拉底为什么对他做那个动作，希望大师能够指点一二，让他顿悟。苏格拉底觉得这个年轻人还有些耐心，便对他说了一句很有哲理的话："年轻人，要成功是需要有成功的欲望，这种欲望就像你刚才那种强烈的求生欲望一样，让你欲罢不能。"

如果要想成功，单单只有成功的希望是不够的，一个优秀的推销员最重要的素质是拥有强烈的成交欲望，一个运动员最优秀的品质是拥有永争第一的欲望。假如你没有强烈的成功欲望，那就不会有一往直前的勇气和同困难搏斗的毅力。相反，如果你迫切地想要成功，那么，你会想尽一切的办法去冲破一切阻碍，就不会畏惧成功路上的荆棘，这便是欲望的力量。因此，要想成功，首先就要具有强烈的成功欲望。

挑战自我，超越自我

我们最大的敌人就是我们自己。我们往往不是被别人打败，而是被自己打败。我们因为自卑，颓废了意志；因为懒惰，丧失了机会；因为骄傲，蒙蔽了双眼等等。不成功不是因为外界的因素，而是因为自身的弱点。

一个人想要潇潇洒洒、快快乐乐地过一生，首先就要认识自我，然后不断地挑战自我。

当我们呱呱坠地时，我们就踏上了挑战自我的征程，跌爬摔打，艰难爬行，只为能够赢得一个完满的人生。从爬到走，从跑步到骑自行车直至驾驶汽车，人的潜能促使我们不断地超越速度的极限。当我们开始牙牙学语，隐约懂事，我们就开始追求自我的实现，写的第一个字，烧的第一顿饭，拿到的第一个满分，拿到的第一份薪水，无不给我们带来成功的喜悦和收获的快乐。

一位武术高手参加比赛，自负地认为一定可以夺得冠军。

当打到中途，武术高手警觉到，自己竟然找不到对手的破绽，而对方的攻击却往往能突破自己的漏洞。

比赛结果可想而知，武术高手失去了冠军奖杯。

他愤愤不平地回去找师父，央求师父帮他找出对方的破绽，好在下次比赛时打倒对方。师父却笑而不语，只是在地上画了一条线，要他在不擦掉这条线的情况下，设法让线变短。他百思不得其解，最后还是请教了师父。

师父笑着在原先那条线的旁边，又画了一道更长的线。两线比较之下，原来那条线，看起来短了很多。

这时师父说道："夺得冠军的重点，不在如何攻击对方的弱点，正如地上的线一样。只有你自己变得更强，对方也就在无形中变弱了。如何使自己更强，才是你需要苦练的。"

"人外有人，山外有山"，没有谁可以成为最强的，要想常胜，就必须不断地努力，攀登新的高峰。

向自我挑战，其实并没有那么难，只要我们每天都进步一点儿点儿，循序渐进，就能够不断地突破自己的局限。

面对现实是一种勇气

生活中的烦恼和苦难都只在你的一念之间，我们应该勇敢地面对人生的灾难和挫折，用平静的心态去承受不可改变的事实。

“事情既然已经是这样，就不会成为别的样子。勇于承认事情就是这样的情况，平心静气地接受已发生的事情，是克服更多不幸的第一步。”这是国外的一句名言。

罗琳女士在丈夫去世后没有再婚，和儿子安德鲁相依为命。她独自一人辛苦地承担起了对儿子的抚养、教育义务。安德鲁不负期望，长大后考入了名牌大学。在即将毕业时，他就被一家大公司签约录用。对罗琳女士来讲，经历了千辛万苦后，美好的生活就在眼前。可是世事难料，就在安德鲁毕业前夕，罗琳却突然接到安德鲁在外出时遭遇车祸不幸去世的通知。

罗琳听到儿子车祸身亡的消息，感到悲恸欲绝。在此之前，她一直觉得生活是非常快乐，因为有一个非常讨人喜欢的孩子，为了养育他，罗琳不惜付出全部的力量。在罗琳眼里，安德鲁具有年轻人一切美好的品质，要是离开了儿子，她便不能生活。罗琳的希望被无情的电报粉碎了，她觉得没有活下去的价值了，便开始忽视工作，疏远朋友。她放弃了一切，抱怨世界，抱怨上帝为什么要带走她可爱的孩子？为什么这个充满希望的青年还未能开始他的人生旅程，就这样离开了人世？她根本无法接受这个事实。因为伤心过度，罗琳不得不放弃满意的工作，远走他乡，泪水和悲伤充满了她整个生活。

当她准备辞职，清理办公桌时，从抽屉里发现了一封落满灰尘的信。那是几年前在罗琳母亲去世时，安德鲁写给她的一封慰问信。信中写道："我们会永远怀念她的，您会更加如此。我知道您会勇敢地面对这残酷的事实，因为您坚强的人生观必定会让您接受生活的挑战。我永远会记得您教给我的那些美好而深刻的人生道理，不管我们相隔有多远，我会永远记住您的微笑。我会像一个真正的男子汉，承受生活带来的一切考验。"罗琳把信反复读了几遍，感觉安德鲁就在她身边说："您为什么不照您说过的话去做呢？坚强地活下去！不管发生什么事，都要把您个人的悲哀藏在微笑下面，继续坚强地生活下去！"于是罗琳又回到工作岗位上，不再抱怨世界。罗琳不断地对自己说："事情既然已经到了这个地步，虽然没有力量改变它，但是我可以坚强地活下去。"罗琳全心全意地投入到工作中，认识了新的朋友。她不再为无可挽回的过去悲哀，而是懂得了珍惜宝贵的现在。罗琳已经接受了现实，或者说接受了命运对她的安排，所以当下的生活变得比以前更加充实，更加快乐。

那些不敢面对现实的人是胆小鬼，可是接受现实更需要勇气。生活中，有些事情是我们不能左右的，但是有一点却很明确，那就是我们可以左右自己对待现实的态度。

自信是成功的基石

在通往成功的路上，什么东西我们都可以少，唯独自信是不可以缺少。自信是一个渴望成功的人必备的素质，绝不是一个空洞的口号。谁拥有了自信，就相当于成功了一半。

想必大家都知道李阳是疯狂英语的创始人和传播人，不仅如此，他更是一位受欢迎的人生激励老师。他经常满脸带着自信，从容不迫地在高等学府对着莘莘学子侃侃而谈。

其实，李阳并不是英语天才，也并不是天生的自信。李阳在小时候，性格内向，因为害羞，不敢和陌生人说话，不敢接电话，不敢去看电影，甚至做理疗时仪器漏电灼伤了脸都不敢出声……他的父母都认为他以后不会有出息。

李阳在 1986 年时，考上了兰州大学工程力学系。他的大学生活很普通，李阳在第一学期期末考试中拿了全年级倒数第一名，英语成绩连续两个学期不及格。在大学第二个学期

快结束的时候，他的13门功课都不及格。

因为怕羞，李阳就跑到四周没人的烈士亭大喊英语，读错了也不会有人嘲笑。十几天过后，李阳到英语角，别人就感到奇怪，说他的英语听起来好了很多。一语惊醒梦中人！李阳发现，这样大喊英语是学英语的一种好方法。

于是李阳就每天扯着嗓子在凛冽的寒风下大喊英语句子。从1987年的冬天喊到1988年的春天，在这四个月里，李阳重复读了十多本英文原版书，熟记了大量四级考题。李阳的舌头也变得灵活了，耳朵也不失灵了，而且反应还变快了。在当年的英语四级考试中，李阳只用了50分钟答完试卷，并获得全校第二名，李阳突然从考试总是不及格变成了一个英语高手，这事轰动了兰州大学。

从那以后，李阳便开始奋发进取。他发现，这样大喊英语，让他的性格弱点被击碎了，而且精力更加集中，记忆也更加

深刻，就这样慢慢地建立起自信来。

李阳学习成绩差原来是受怕羞自卑的影响，他想把自己的体会告诉那些还在为学英语挣扎的同学。于是内向的他做出了一个惊人的决定：他让同学帮忙在全校贴满海报，说有个叫李阳的同学在学英语上有些心得想要和大家一起分享。

当海报贴出后，演讲时间逼近时，李阳变得越发害怕，甚至有些后悔。可是他又觉得这是一次机会，可以打败自己的害羞和胆怯。为了解决这个问题李阳居然想了个绝招：他戴了两只触目惊心的大耳环，让两个同学强行带着他上街。大街上的人都盯着他看，生性害羞的李阳被这些目光看的不敢抬头，他只觉得耳朵发烫，只想逃跑躲起来，可是被两个同学死死地押着，没办法他只能硬着头皮走下去。慢慢地，他鼓起勇气，睁开眼睛抬起头来去看周围的人，后面他竟然可以大胆的和周围人对视，而且一直看得让别人低下头去。

最终，李阳成功了！

始终保持成功的愿望

每个人的一生都是有成功的机会，但是很多人不愿意付出代价，所以很多人都不会成功。虽然他们都有能力，可是缺少了成功的愿望。成功的愿望仅仅是观念的一部分，但却是成功至关重要的因素。当你拥有了成功的愿望，那么你将无所不能，可以做任何事情，最终就会变成胜利者。

阿特·威廉在当足球教练的时候，接管了一个很弱的队伍。队伍里全是些体重不足、缺乏经验的青少年。因为队伍经常失败，导致了队员在训练时都不愿意穿球服。威廉心里明白，想要在一个季度内，把他们变成体格强健而且职业的足球运动员，是根本不可能的，不管是谁都做不到。让队员意识到自己是胜利者，这是他唯一能做的。

刚开始的时候，他们都认为威廉是疯了，可是渐渐地，他们开始把自己当成竞争者，变得相信威廉的话。第一场比赛赢了，什么也无法阻挡他们竭尽全力，因为他们已经养成了心怀胜利的信念。一夜的时间，并没有让他们改变，他们和其他队伍仍然不在一个水平上，改变这一切的，是他们认为自己是胜利者这个信念。

有作家和学者花了很多时间对事业成功的人进行了研究，得出一个结论，取得成就的关键就是胜利的信念。成功是由才能、机遇、成功的愿望这三部分组成。正确评估自己成为胜利者的能力，这是成功者的普遍标准，即便是水平最低。这一点之所以重要，是因为每个人都不想辜负自己的希望。胜利者成功的欲望一般都像火一般炽热，这种品质为成功提供了动力。

只有你追求胜利，才能成功。就算是在逆境中，你也要表

现出坚韧不拔的态度和成功的决心，这便是行动上的胜利。有人是这样定义成功的：绝大部分人能坚持两三个月，很多人坚持两三年，能坚持到底，直至胜利的便是胜利者。

在现有的水平上，每个人都有能力去让生活出现转机，当一个出类拔萃的人，当你这样做决定时就是起点。有了起点，加上你能做的态度，再加上胜利的信念，那最终会促使你成功。

遇事乐观，充满信心

事情既然发生了，那就不要去抱怨，即便是很糟糕的事，也不要去抱怨，因为抱怨也改变不了什么，还不如坦然地接受。不管是什么情况，用积极的心态去面对，那么就会少一些争执，生活也会变得很快乐。

亚伯拉罕·林肯讲过一个很动人的故事：有一个铁匠想把一根很长的铁条打成一把锋利的剑，于是他把铁条插进炭火中烧得通红，然后放在铁砧上敲打。可是打成后，他很不满意，就想把它做成种花的工具，就又把剑烧得透红，取出后又打，可结果还是不如他意。就这样，他把铁条反复打造成各种工具，但结果都失败了。最后，他从炭火取烧红的铁条，不知道怎么处理的情况下，就把它插入水桶中，便发出一阵嗞嗞声响，铁匠后来说了一句："起码我可以把铁条弄出嗞嗞的声音。"

假如我们都有故事中铁匠的心胸，那就不会有什么失败和挫折可以伤害我们了。

安徒生通话中有一则叫《老头子总是不会错》的故事，讲述的是：

在农村住着一对很穷的老夫妇，他们家里唯一值钱的东西就是一匹老马。有一天，他们想把老马拉到市场上去换一点儿值钱的东西。于是老头子就牵着老马去赶集了。

他先和别人换了一头母牛，又用母牛去换了一只羊，又把羊换来一只肥鹅，然后又用鹅换了母鸡，最后把母鸡换成了一大袋烂苹果。

在每次交换中，他都想着要给老伴儿一个惊喜。

在他回家的途中，来到一家小酒店休息时，遇上两个英国人。于是他便和他们一起闲聊，谈了自己赶集的经过，两个英国人听了哈哈大笑，说他回去肯定会被老婆子打。老头子很坚决地说不会，于是英国人就用一袋金币打赌，于是三

人一起去了老头子的家。

老太婆看见老头子回来了，非常高兴。老头子给她讲赶集的经过时，她都听得很兴奋，每讲到用一种东西换了另一种东西时，她都充满了对老头子的钦佩，还不时地说着："哦，我们有牛奶了！"

"羊奶也一样好喝。"

"哦，鹅毛多漂亮！"

"哦，我们有鸡蛋吃了！"

听到最后老头子换了一袋已经开始腐烂的苹果时，她同样不生气，说着："那今晚我们有苹果馅饼可以吃了！"最终英国人输了一袋金币。

这个故事告诉我们：不要因为失去的一匹马就去惋惜或埋怨生活，既然有袋烂苹果，就做一些馅饼好了，生活应该乐观一点儿，这样才能妙趣横生，和美幸福，说不定还会有意外的收获。

自信决定品行

很多时候性格软弱和事业不成功是因为缺乏自信的缘故。

国外有个外科医生，因为他高超的面部整形手术而非常出名。许多外表丑陋的人经过他的手术都变得非常漂亮。慢慢地，外科医生发现，虽然他的整形手术很成功，但是仍然有很多人找他抱怨，说他们手术后还是不够漂亮，说手术的效果不好，还是觉得自己相貌依旧如故。于是，医生便悟出了一个道理：美和丑，不只是在于一个人的本来面貌如何，还在于自己心里如何看待自己。

如果一个人觉得自惭形秽，那他就不会自信；如果一个人总是觉得自己很笨，那他就不会聪明；如果一个人觉得自己心地不善良，就算他时常在做好事，那他也成不了善良的人。

当你拥有了积极的心态，就能成为你所希望的人，甚至还会比你所希望的更好。

拥有积极的心态是一种能力，也是自信的表现。当你对自己的能力有自信时，就要珍惜和把握好身边良好的客观条件，这样就不会错过幸福。

心理学家做了这样一个试验：在一个大学班级里选出一个班里最丑陋、最不讨人喜欢的女生，要求其他同学改变对她以往的看法。让大家争着照顾这个姑娘，对她献殷勤，努力找出她身上的优点来表扬她，大家也假戏真做，从心底里认为她是个漂亮聪慧的姑娘。就这样半年以后，这个女生出落得很好，她的举止也大方得体，和之前完全判若两人。这个女生很高兴地对大家说，她获得了新生。

其实她还是她，并没有变成另一个人，只是从她身上散发出一种蕴藏的美。只有当我们自己相信自己的时，周围的人才会肯定我们，爱护我们，这种美才会展现出来。

很多人认为，信心是与生俱来的，是没办法改变的，但是事实却不是这样的。被人喜爱的小孩，从小就会觉得自己很可爱，聪明，所以才会被别人喜爱，于是他就会尽力让自己作为名副其实的人，成为一个自信的人。然而，那些从小不受宠的孩子，总是被人们训斥说是笨蛋、败家子、懒鬼、没用的东西，于是他们就真的形成了这些恶劣的品质。一个人的品行基本上受自信的影响，每个人想成为什么样的人，心里都是有标准的，通常我们自己的行为都是同这个标准进行对比，然后按照这个去指导自己的行动。因此，想要让一个人变好，就应该对他少一点儿斥责，最好能帮他提高自信心，修正他心中的自信的标准。

在心中撒一颗自信的种子

一个人一旦有了自卑自贱的观念，那就会导致他不思进取、自甘平庸。生活中很多自卑的人，都认为自己的地位低下，认为别人的种种幸福他都不配拥有；认为他们自己和那些伟大人物并不能相提并论；认为世界上最好的东西，这辈子都不是他们应该享有的；认为命运的宠儿才应该享受生活上的一切快乐。这样想来，他们自然而然地就不会有出人头地的想法了。其实很多人是可以做大事，立大业的，就是因为他们没有坚定的信心，所以现实中做着小事、过着平庸的生活。

士兵们对统帅的敬仰和信心很大程度上决定了这支军队

的战斗力。如果统帅抱着怀疑、犹豫的态度，那么军心就会乱。

据说同样一支军队，在拿破仑亲自指挥作战时，军队战斗力会增加一倍，是因为拿破仑的自信让他的军队所向披靡。

有一次，一个法兰西士兵骑马给拿破仑送来一份战报。因为路上赶得太匆忙，到达终点时，那匹马便死掉了。拿破仑就立刻下马，把自己的马让给士兵骑着火速赶回前线。这个士兵看着那匹雄壮的坐骑还有华丽的马鞍，不觉脱口说："不，将军，对于我一个普通的士兵来说，这坐骑实在太高贵，太好了。"拿破仑回答说："世界上任何东西，法兰西士兵都配享有！"

一个人的自信是世上所有困难最大的敌人，自信可以让人产生强烈的成功欲望，从而让人加倍努力去争取。自信会让我们浑身充满了力量；自信会让我们藐视一切暂时的艰难险阻；自信会让我们的生活更幸福；自信会让我们的生命更精彩。

只要有自信，那么人生就不会缺乏动力，它可以帮助我们去战胜自卑和恐惧。当你相信你会变成你希望成为的样子，并且你也去做了，那么你最终会变成你希望的样子。

一个自信的人，他不会自卑，不会贬低自己，不会去逃避现实，不会当生活的弱者，他会主动出击，去迎接挑战，演绎精彩人生。一个自信的人，不会和自己过不去，只会鼓励自己勇往直前。自信的人会承担责任，又会缓解压力，他们在生活中游刃有余，笑看输赢得失。

自我激励永不言败

自己打气、鼓励自己这就是自我激励。我们从小就被教育要争气，在逆境中要奋起，然而支持崛起的信念就来源于自我激励。

当遇到不顺心的事时，就这样告诉自己：一切都会过去的，没有什么大不了的。相信只要自己努力就可以改变现状，这是一种来自内心的神奇的力量，也是情商的重要内容之一。

自我激励分为外部激励和内部激励两种。外部激励是借助于外物给予自己胜利的信念和希望；内部激励就是在内心始终存在乐观积极的心态，无论遇到什么样的困境都不动摇。

在一个小故事中可以体现到外部激励：有一个盲人擅长弹奏三弦琴，他希望在有生之年可以看见世界，但是遍访名医，都说没有办法医治他。有一天，这个盲人遇见了一个道士，道士对他说："我有一个药方保证能治好你的眼睛，但是，你必须弹断一千根弦，才可以打开这张药方。否则在这之前，它是不会生效的。”

于是这位琴师带了一个同样双目失明的小徒弟游走四方，尽心尽意地以弹唱为生。就这样年复一年，终于他弹断了一千根弦，这位盲人便迫不及待地把那张一直藏在怀里的药方拿了出来，找了一个明眼的人帮他看上面写的药方是什么。

明眼人告诉他只是一张白纸，并没有写一个字。那位盲人听后，潸然泪下，突然明白了道士那一千根弦背后的意义。道士给了他一个“希望”，支撑他尽情地弹下去，在这漫长的 53 年里，他就靠这个希望活了下来。

这位盲眼艺人，没有把这故事的真相告诉他同样眼盲的徒弟。他把这张白纸郑重地交给了同样也渴望能够看见光明的弟子，对他说：“这张药方保证能治好你的眼睛，但是，你得弹断一千根弦才能打开这张纸。现在你可以去收徒弟了，然后云游四方，尽情地弹唱，直到第一千根琴弦弹断，你就有答案了。”

那位盲人就是借助了外部激励的力量，才在内心形成了希望。希望是指引人生的方向，是人们心中一盏不灭的明灯，是我们前进的动力。有了希望，便会从容淡定地面对恐惧；有了希望，才会让人有巨大的能量去面对挫折危险。

行动起来

不管什么事情，只有行动起来，才会有成功的希望。俗话说得好，不怕慢，就怕站。不管是什么事，只有你做了才知道成或不成，只有你做，那就什么都有可能。

我们小区有两个63岁的阿姨，一个是王阿姨，一个是张阿姨，她们都很喜欢散步。每天，她们都从各自的家里走到城区的老年活动中心。王阿姨每天要走45分钟，张阿姨每天要走1个小时，活动中心其他的老年人都很钦佩她们。其他人都建议她们坐车或者坐地铁过来，但她们很幽默地回话说：自己每天都太想见到老朋友，就没有耐心去等车到中心来。还有人开玩笑说她们合起来走的路都可以绕整个城市好几圈儿了，这话就提醒了王阿姨，她兴奋地告诉张阿姨：她住在城外的女儿生了双胞胎，自己正打算要去看女儿和外孙，作为见面礼，她决定自己走路去城外。张阿姨开始觉得她疯了，但是转过念来又羡慕地说：要是她也有那么可爱的外孙，自己也会走路去看他们。就这样，王阿姨愉快又坚定地迈向了去女儿家的公路，她拒绝任何的帮助到达了女儿家。一些城市记者就采访她，问她是如何鼓起勇气步行到那么远的地方。王阿姨说：如果你有健全的双腿，可以走路，那走一步路是不需要鼓起勇气的，她所做的就是走了一步路，然后又走了一步，就这样一步一步地到了城外女儿的家。

确实是这样的，只有当你迈出第一步后，才会一步一步地走下去，否则就算你花了很多的时间去思考和学习，都不会有所收获。因为树立一个目标容易，但是采取行动很难。

有一个杂志社登过这样一个故事：

有个叫杰克的小男孩儿，跑到一间没人住的破屋里玩耍，玩儿累了就把脚放在了窗台上，双手抱着小腿，欣赏窗外的风景，突然一声大吼，吓得他跳了起来，没想到左手食指被拉断了，当时他被吓呆了，脑中一片空白。刚开始那段时间里，杰克认为他这辈子都完了，直到有一天，杰克在一所公寓遇见一个开电梯的人，他失去了右臂，杰克就问他有没有感到不方便，那人说，只有在缝纫的时候才会感到。这句话深深地打动了杰克，他觉得一个失去手臂的人都没有绝望，他更没有理由不去好好生活。他决定不再悲观，和正常人一样地生活和工作，当遇到因手伤不方便做的事时，他不会放弃不做，而是去想其他办法解决。因此他比别人想得多，做得也多，他也从此没为这事烦恼过。后来他几乎想不起左手只剩 4 根手指，好像这件事从来没有发生过。

一个人是有着惊人的潜力的，不仅可以忍受不幸，更可以战胜不幸，只要用积极的心态去激发它，遇到任何难关都可以渡过。用自己坚强的意志去迎接它，行动起来，那就没有做不成的事。